W0247373

Ambrose/Harris

DRUCK & VEREDELUNG

Moderne Methoden der Bild-
und Textreproduktion und der
Aufwertung von Printprodukten

stiebner

Die englische Ausgabe dieses Buchs erschien 2007 unter dem Titel
„Print & Finish. *n.* advanced techniques for reproducing text and images"
bei AVA Publishing SA

Aus dem Englischen von MCS Schabert GmbH, München,
unter Mitarbeit von Karola Koller (Übersetzung).

Bibliografische Information der Deutschen Bibliothek
Die Deutsche Bibliothek verzeichnet diese Publikation in der
Deutschen Nationalbibliografie; detaillierte bibliografische Daten
sind im Internet über <http://dnb.ddb.de> abrufbar.

Alle Rechte der deutschen Ausgabe
© 2007 Stiebner Verlag GmbH, München
Alle Rechte vorbehalten. Wiedergabe, auch auszugsweise,
nur mit ausdrücklicher Genehmigung des Verlags.

Printed and bound in Singapore

www.stiebner.com

ISBN-13: 978-3-8307-1328-2

Druck & Veredelung

Kunde: The End
Design: The Kitchen
Technik:
Kontrast zwischen Umschlag aus taktiler Graupappe und hochglänzenden Illustrationen in Folienprägung

The End

Dieses Cover einer Broschüre wurde von der Agentur The Kitchen für den Londoner Nachtclub The End gestaltet. *The End Biography* feiert das zehnjährige Bestehen des Clubs mit Kommentaren von Musikjournalisten, speziell in Auftrag gegebenen künstlerischen Illustrationen und einem zusätzlichen Fototeil. Die Illustration von Will Barras auf dem Cover, die den Eingang des Clubs zeigt, wurde im Prägefoliendruck auf Graupappe aufgebracht. Die zeichnerische Vorlage wirkt mit der Folie besonders gut und kontrastiert sehr effektiv mit der groben Graupappe.

Inhaltsverzeichnis

Faydherbe/De Vringer

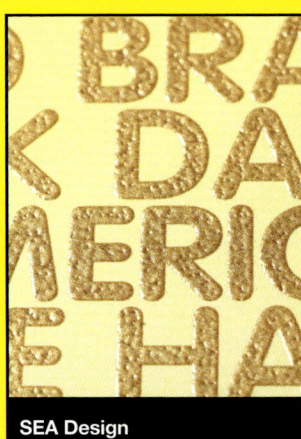

SEA Design

Turnbull Grey

Studio KA

HGV Felton

Studio Myerscough

Mit unterschiedlichen Druckverfahren und vielfältigen Möglichkeiten der Druckweiterverarbeitung können Grafikdesigner ihre gestalterischen Ideen sehr wirkungsvoll umsetzen. Drucken ist ganz allgemein das Aufbringen von Druckfarbe
auf einen Bedruckstoff. Welches Verfahren ein Designer wählt, hängt einerseits
von ganz praktischen Erwägungen ab, etwa von den Kosten, der Auflage und
dem Zeitrahmen, und andererseits von ästhetischen Faktoren wie z.B. der
gewünschten optischen Qualität des Endprodukts. Mit verschiedenen Druckverfahren kann der Designer diese Variablen beeinflussen und in die gewünschte Richtung lenken, doch die Druckumsetzung selbst hört hier noch nicht auf.
Die meisten Printprodukte lassen sich nach dem Druck noch weiter gestalten,
etwa durch Falzen, Stanzen, Prägedruck oder farbige Einschaltblätter.

Bedruckstoffe

Bedruckstoffe, die es in allen möglichen Variationen,
Farben und Strukturen gibt, können die Wirkung des
Endprodukts enorm beeinflussen. Dieses Kapitel
beschäftigt sich mit den Vor- und Nachteilen der
gängigsten Materialien.

Druckverfahren

Mit unterschiedlichen Druckverfahren, z.B. Lithografie,
Siebdruck, Tief- und Hochdruck, lassen sich kreative
Effekte erzielen, die sich aus den charakteristischen
Eigenschaften des jeweiligen Verfahrens ergeben.

Weiterverarbeitung

Printprodukte können den besonderen Touch auf
unterschiedliche Art und Weise erhalten – Stanzen,
Relief- und Hohlprägen, Folienprägen, Lackieren,
etc. – und sich so von der breiten Masse abheben.

Produktion

Auch beim Drucken selbst kann der Designer seine
Kreativität entfalten, z.B. indem er Kanäle und Platten
verändert oder die Druckreihenfolge der Prozessfarben. Auch hier muss die Kreativität nicht der Technik
unterworfen werden.

Bindung

Mit den verschiedenen Bindemethoden, etwa Klebe-,
Draht- oder Fadenbindung, lassen sich unterschiedliche funktionelle und ästhetische Effekte erzielen, die
jede Publikation bereichern können.

Endprodukt

Bei vielen Printprodukten werden mehrere der hier vorgestellten Techniken und Verfahren kombiniert. Dieses
Kapitel zeigt besonders interessante Beispiele.

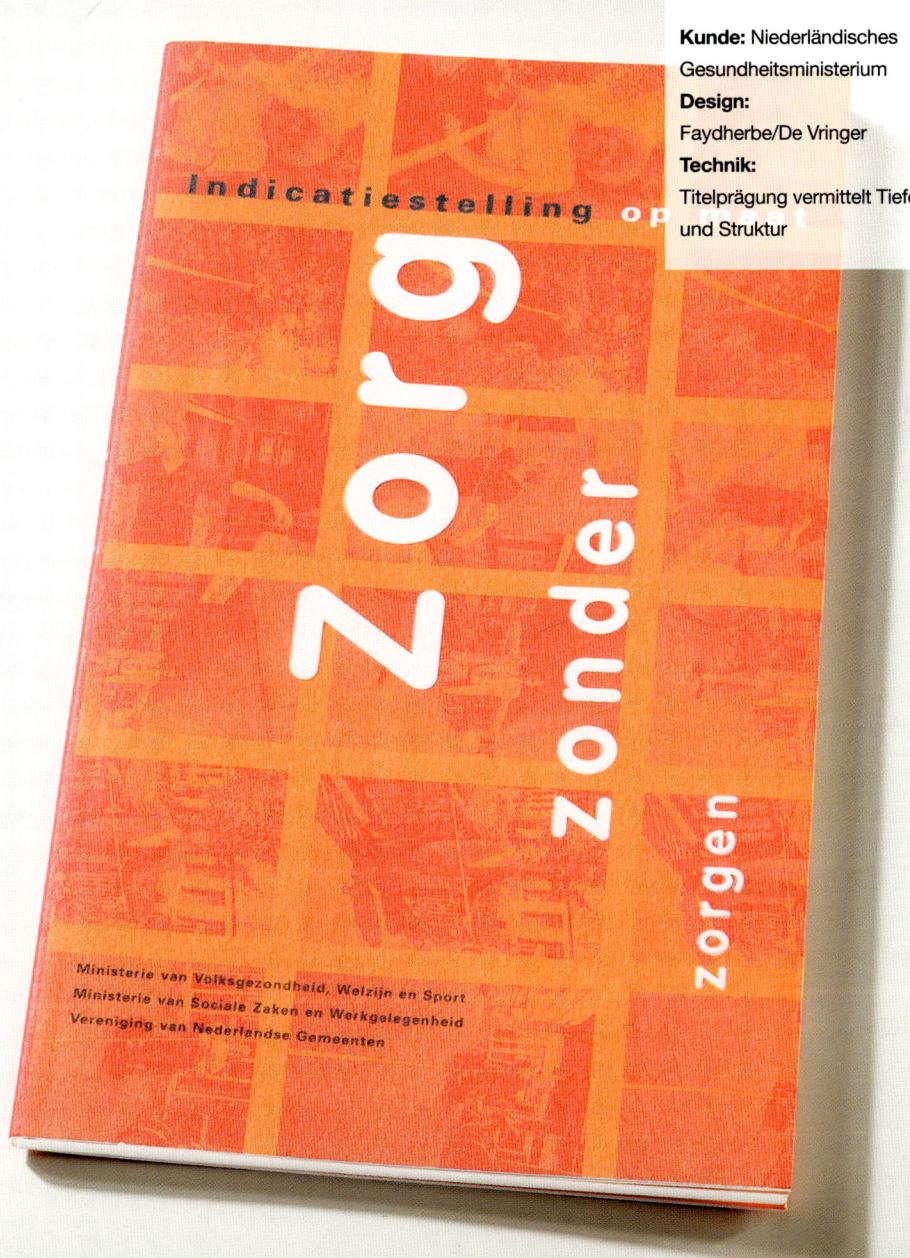

Kunde: Niederländisches Gesundheitsministerium
Design: Faydherbe/De Vringer
Technik: Titelprägung vermittelt Tiefe und Struktur

Zorg zonder zorgen

Dies ist das Cover von *Zorg zonder zorgen* (Vorsorge ohne Sorgen), einer vom niederländischen Studio Faydherbe/De Vringer gestalteten Broschüre. Auf einem Foto sind die Menschen zu sehen, die für die Broschüre interviewt wurden. Der Titel überlagert das Foto, wobei die weißen Prägebuchstaben eine besondere Tiefe ausstrahlen.

In jedem Kapitel werden unterschiedliche Aspekte des Drucks und der Druckweiterverarbeitung ausführlich besprochen. Beispiele für den kreativen Einsatz der verschiedenen Methoden und Verfahren, die von führenden Designstudios stammen, illustrieren die einzelnen Kapitel; in zahlreichen Anmerkungen wird erklärt, warum die jeweiligen Designentscheidungen getroffen wurden.

Außerdem werden die wichtigsten Gestaltungsprinzipien detailliert beschrieben, um zu verdeutlichen, wie sie in der Praxis umgesetzt werden.

Leichte Navigation
Das Stichwort im Balken am oberen Rand hilft bei der schnellen Suche nach interessanten Bereichen.

Einführungen
Jeder Abschnitt enthält eine Einführung, in der die wichtigsten Zusammenhänge erklärt werden.

Einschaltblätter

38 **39**

Einschaltblätter
Einschaltblätter sind einzelne Blätter, die entlang des Bunds in eine Publikation eingeklebt oder in den Buchblock eingebunden werden.

Ist ein Einschaltblatt kürzer als die restlichen Seiten, wird es an der oberen bzw. unteren Kante ausgerichtet. Beim Einschalten in der Mitte einer Publikation kann es Probleme mit der korrekten Ausrichtung geben. Kunstdrucke werden meist im Tiefdruckverfahren hergestellt und dann in Bildbände eingeschaltet. Bei Inserts handelt es sich im Gegensatz dazu um lose Einlagen in Publikationen.

Einkleben
Hierbei werden kleine Elemente, z.B. eine Illustration oder eine Antwortkarte, in eine Publikation geklebt, wie das Beispiel auf der nächsten Seite verdeutlicht.

Einschaltblatt einseitig gekürzt   Einschaltblatt oben ausgerichtet   Einschaltblatt volle Breite

Einschaltblatt unten ausgerichtet   Eingeklebtes Insert   Einschaltblatt

Gagosian Gallery
Dieses Buch mit dem Titel *Six Paints and a Sculpture* wurde von Bruce Mau Design für die Gagosian Gallery in New York gestaltet und stellt Werke des Künstlers Cy Twombly vor. Jede der eingeklebten Farbtafeln wurde separat hergestellt und nachträglich eingefügt.

Kunde: Gagosian Gallery
Design: Bruce Mau Design
Technik: Eingeklebte Farbtafeln

Tiefdruck
Beim Tiefdruck liegen die druckenden Elemente in Form von vertieften Näpfchen in der Oberfläche des Druckzylinders. Die Farbe befindet sich in der Oberfläche des Zylinders und wird unter Druck auf das Bedruckstoff übertragen.

Schematische Darstellungen
Diese Seiten zeigen, wie die Theorie in der Praxis aussieht.

Beispiele
Arbeiten moderner Grafikdesigner zeigen, wie die beschriebenen Grundlagen umgesetzt werden.

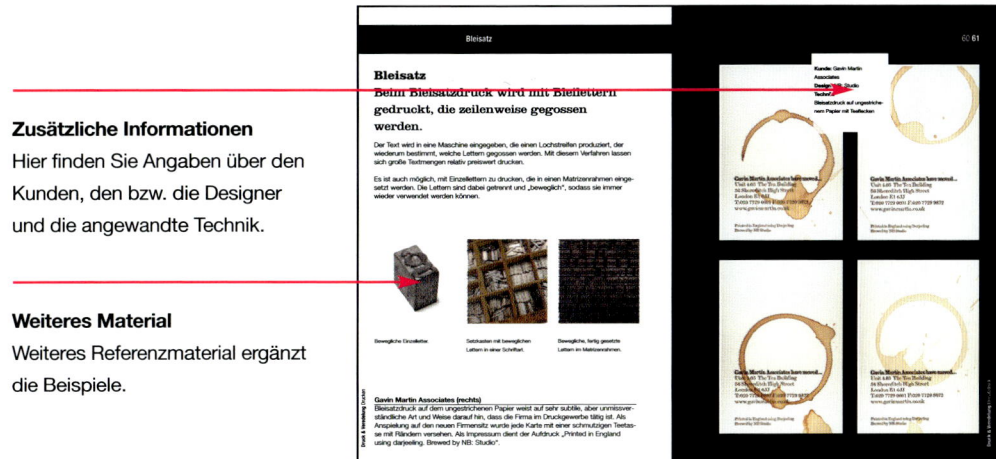

Zusätzliche Informationen

Hier finden Sie Angaben über den Kunden, den bzw. die Designer und die angewandte Technik.

Weiteres Material

Weiteres Referenzmaterial ergänzt die Beispiele.

Erklärungen

Schlüsselthemen werden anhand eines praktischen Beispiels verdeutlicht.

Definitionen

Definitionen und sonstige relevante Informationen werden gesondert erläutert.

Kunde: Robert Cary-Williams
Design: Studio Thomson
Technik:
Lithografie auf Plike unter Verwendung von Druckfarbe, die
den Text wie eine Kreideschrift
aussehen lässt

'1917'

ROBERT CARY-WILLIAMS

Spring Summer 2005

Wednesday 22nd September at 7.30 pm

BFC Tent Duke of York Square

Kings Road London SW3 4RY

RSVP

mike @ concretelondon.com
Tel: 020 7434 4333
Fax: 020 7434 4555

X Name _____

X Seat _____

(studiothomson)

SPONSORED BY
TOPSHOP

Bedruckstoffe

Unter einem Bedruckstoff versteht man jedes Material, auf das gedruckt wird; das reicht von einfacher Pappe über feine, strukturierte Papiere bis hin zu Werbeartikeln wie Kaffeetassen, T-Shirts und schließt sogar – wie Sie später sehen werden – den menschlichen Körper ein.

Welcher Bedruckstoff ausgewählt wird, hängt davon ab, ob er sich mit dem gewünschten Design bedrucken lässt und welche Zielgruppe das Endprodukt ansprechen soll. Wenn etwa in einem Magazin eine besonders gute Bildwiedergabe gewünscht wird, ist eine andere Papierqualität erforderlich als für Zeitungen, bei denen meist die Kosten die wichtigste Rolle spielen. Neben der Bedruckbarkeit ist auch von Belang, ob der Bedruckstoff das Endprodukt noch zusätzlich aufwertet, etwa durch seine besondere Taktilität.

Über den geeigneten Bedruckstoff sollte man sich schon zu Beginn des Designprozesses Gedanken machen. Heute gibt es so viele verschiedene Bedruckstoffe, dass die kreativen Möglichkeiten beinahe unbegrenzt sind und man durch Farbe, Gewicht und Struktur viele Variationen erzielen kann. Die Corporate Identity einer Firma lässt sich z.B. dadurch stärken, dass für ihre Printprodukte durchgängig dieselbe Papierqualität verwendet wird und so ein ganz typischer, individueller Touch entsteht.

Robert Cary-Williams (links)

Diese Einladung gestaltete das Studio Thomson für den britischen Modedesigner Robert Cary-Williams. Das Design wurde auf eine neuartige, mit einem Polymerharz beschichtete Papiersorte namens Plike aufgebracht. Der dunkle, taktile Bedruckstoff und die Druckfarbe erzeugen zusammen die Illusion einer mit Kreide beschriebenen Tafel. Um noch näher an der Realität zu sein, wurden die Umschläge tatsächlich mit Kreide beschriftet, wodurch jede Einladung anders aussah.

Papiersorten

Der Begriff Papiersorte bezieht sich hier auf jedes Papier, das sich mittels eines der üblichen Druckverfahren bedrucken lässt.

Papiersorte	Definition	Verwendung
Zeitungsdruckpapier	Papier größtenteils aus mechanischem Holzstoff, kurzlebig, billige Produktion, sehr preiswertes Papier, das sich für alle üblichen Druckverfahren eignet.	Zeitungen, Comics.
Antikdruckpapier	Gröbste Veredelungsstufe bei Offsetpapier.	Strukturpapier für gehobene Publikationen, z.B. Jahresberichte.
Ungestrichenes, holzfreies Papier	Größte Kategorie der Druck- und Briefpapiere, geeignet für fast alle Office- und Offset-Zwecke beim kommerziellen Druck.	Office-Papier (Schreibpapier, auch für Drucker und Kopierer).
Papier mit Holzschliff	Wird mechanisch hergestellt und enthält säurehaltiges Lignin; relativ kurzlebig, da es rasch vergilbt und die Farben ausbleichen.	Zeitungen, Telefon- und Adressbücher.
Kunstdruckkarton	Ungestrichener Karton.	Cover-Bedruckstoff.
Kunstdruckpapier	Hochwertiges Papier mit Tonerde-Pigmenten, ergibt eine helle, glänzende Oberfläche, ist besonders für Raster geeignet, bei denen es auf Details und Auflösung ankommt.	Farbdrucke, Zeitschriften.
Gussgestrichenes Papier	Gestrichenes Hochglanzpapier; der Glanz entsteht, indem das nasse, gestrichene Papier gegen einen glatten, heißen Metallzylinder gepresst wird.	Hochwertige Farbdrucke.
Chromopapier	Einseitig gestrichen, wasserfest, gute Präge- und Lackierfähigkeit.	Etiketten, Geschenkpapier, Cover.
Kartuschenpapier	Dickes, weißes Papier, das vor allem für Bleistift- und Tuschezeichnungen verwendet wird.	Strukturpapier für gehobene Publikationen, z.B. Jahresberichte.
Graupappe	Linierter oder unlinierter Karton aus Altpapier.	Verpackungsmaterial.

Kunde: Country Casuals
Design: Turnbull Grey
Technik:
Flockpapier, um die taktile
Qualität zu erhöhen

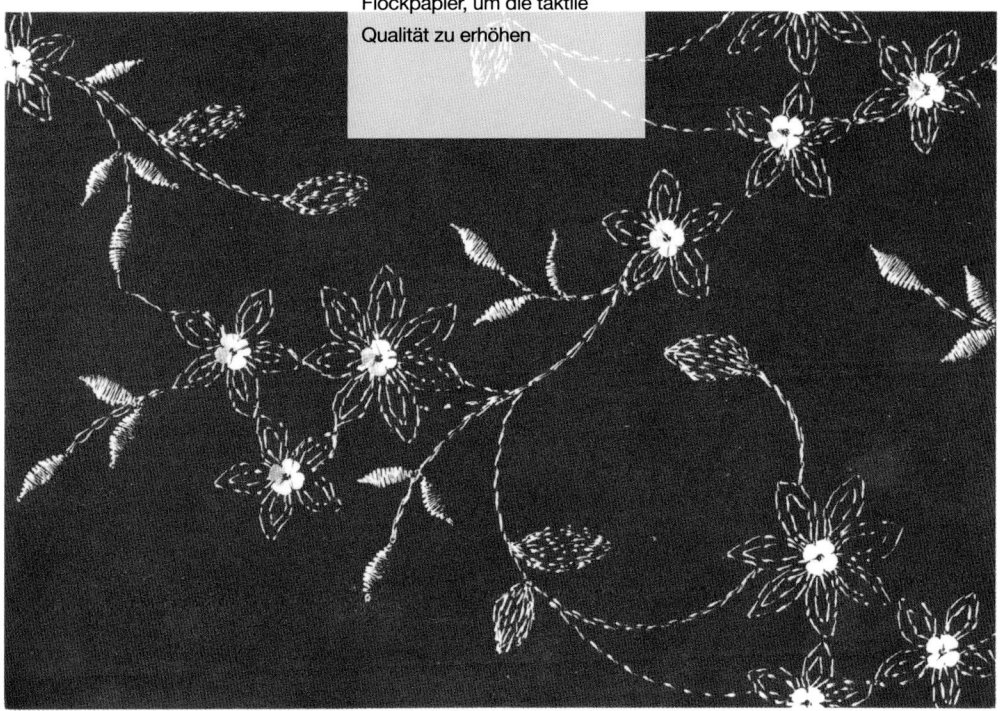

Country Casuals

Diese Einladung zu einer Modenschau wurde vom Designstudio Turnbull Grey für die Bekleidungsfirma Country Casuals gestaltet. Das taktile Flockpapier erinnert an ein Stück Stoff und passt deshalb hervorragend zum Veranstaltungsthema.

Flockpapier

Ein besonders für Cover geeigneter Bedruckstoff. Das Trägermaterial wird ganz oder teilweise mit Leim bestrichen und dann mit farbigem Flockstaub überzogen, der aus sehr feinen Wollabfällen oder pflanzlichem Faserstaub besteht. Flock wurde ursprünglich mit der Absicht entwickelt, Gobelinstoffe und Samtbrokat zu imitieren und wird heute in vielen Designbereichen verwendet, um ein Produkt dekorativer oder luxuriöser erscheinen zu lassen. Flockfasern absorbieren Flüssigkeiten sehr leicht, sind also eigentlich nicht für den konventionellen Offsetdruck geeignet, doch dieses Problem lässt sich mit zähflüssigeren Druckfarben leicht umgehen. Flockpapier ist relativ fest und lässt sich deshalb gut prägen.

Druck & Veredelung Papiersorten

Kunde: Lucky Voice
Design: MadeThought
Technik:
Prägung auf goldfarbenem
Astrolux-Spiegelkarton

Lucky Voice

Diese Einladung zu einer
privaten Karaoke-Ver-
anstaltung, *Lucky Voice*,
stammt vom Design-
studio MadeThought.
Das Motiv wurde auf
einen goldfarbenen,
hochglänzenden Astro-
lux-Spiegelkarton
geprägt. Das Design
selbst ist sehr einfach,
nutzt aber die Qualitäten
des Bedruckstoffs
besonders wirkungsvoll
aus.

Astrolux

Astrolux ist ein hochglänzender Spiegelkarton, den es in unterschiedlichen Farben gibt.

The George Hotel & Brasserie

Diese Speisekarten wurden von Gavin Ambrose für
The George Hotel & Brasserie gestaltet. Das Grundmotiv ist auf ungestrichenes Papier gedruckt, sodass
der Kunde die Karten überdrucken und täglich eine
neue Speisekarte präsentieren kann. Der ganz praktischen Anforderung des Kunden, nämlich die Karten je
nach Bedarf selbst verändern zu können, wird so
Rechnung getragen, und das Hotel kann seinen
Gästen immer eine Speisekarte präsentieren, die den
eigenen Qualitätsansprüchen genügt. Das ungestriche-
ne Papier ist leicht strukturiert, wodurch der Gesamteindruck weicher wird.

Kunde: The George Hotel
& Brasserie
Design: Gavin Ambrose
Technik:
Ungestrichener Bedruckstoff
zum Überdrucken

Überdrucken

Verfahren, bei der ein Designelement über ein anderes gedruckt wird, um dem Produkt mehr Struktur zu
verleihen bzw. Farben und Inhalte zu variieren.

Kunde: Squire and Partners
Design: Thomas Manss
& Company
Technik:
Spanplatte als Bedruckstoff
symbolisiert Architektur

Squire and Partners (oben)

Diese Firmenbroschüre für das Londoner Architekturbüro Squire and Partners
stammt von Thomas Manss & Company. Da sich die Broschüre deutlich von der
breiten Masse abheben sollte, wollten die Designer die Projekte und Arbeiten der
Architekten auf besondere Art und Weise präsentieren. Das Spanplattencover wurde
mit einem einfachen Prägefoliendruck verziert, was die moderne Ausrichtung und
das Detailbewusstsein des Kunden gut verdeutlicht. Das Cover wirkt fast wie ein
Monolith, wie ein gemeißelter Stein, und symbolisiert so Beständigkeit und Qualität.

d-raw Associates (rechts)

Diese Visitenkarte wurde vom Designstudio MadeThought für das Innenarchitektur-
büro d-raw Associates entworfen. Die Silberfolienschrift wurde in leichte, farbige
Graupappe geprägt, wodurch ein minimalistischer Ton-in-Ton-Effekt entsteht. Die
groben Fasern des Bedruckstoffs kontrastieren wirkungsvoll mit dem filigranen
Prägefoliendruck.

Kunde: d-raw
Design: MadeThought
Technik:
Silberfolienprägung auf
Graupappe erzeugt mini-
malistischen Effekt

Kunde: University of the
Arts, London
Design: Turnbull Grey
Technik:
Transluzentes Cover und
dupliziertes Design erzeugen
Moiré-Effekt

UNIVERSITY OF THE ARTS
LONDON

Inauguration Ceremony
Banqueting House
Whitehall
London
11 May 2004

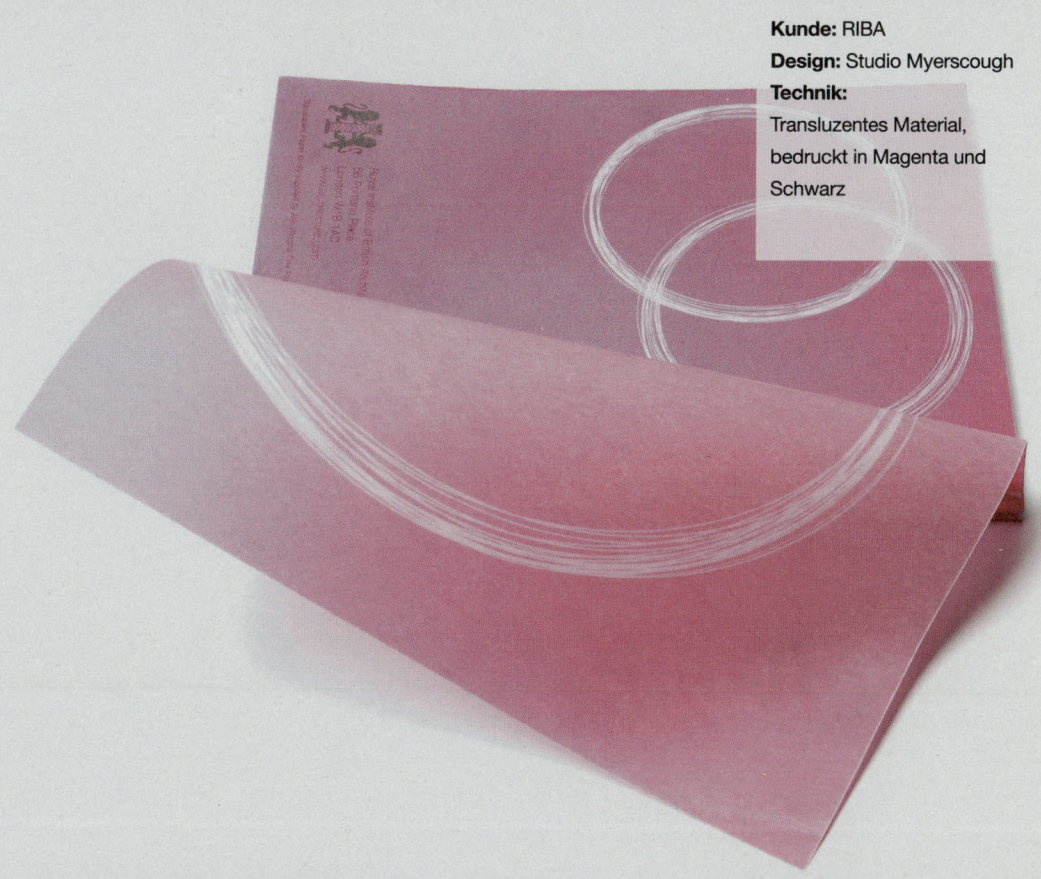

Kunde: RIBA
Design: Studio Myerscough
Technik:
Transluzentes Material,
bedruckt in Magenta und
Schwarz

Annie Spink Award Brochure (oben)

Diese Broschüre wurde für einen Preis entworfen, der vom Royal Institute of British Architects verliehen wird, den Annie Spink Award for Excellence in Education. Das Cover der vom Studio Myerscough gestalteten Broschüre besteht aus transluzentem Trägermaterial, das in Magenta und Schwarz bedruckt ist. Der Text erscheint als zusätzlicher Aufdruck. Der Gesamteindruck ist zurückhaltend, edel, einladend. Die Innenseiten sind im Kreuzbruch gefaltet und mit einer Fadenheftung gebunden.

University of the Arts, London (links)

Dies ist das Programm für die Einweihungsfeierlichkeiten der University of the Arts, London, das vom Designstudio Turnbull Grey gestaltet wurde. Das Cover ist ein bedrucktes, transluzentes Trägermaterial, das die darunterliegenden Papierseiten durchscheinen lässt. Die Seiten zeigen dasselbe Design wie das Cover, sind aber blau und tragen eine weiße Schrift, wodurch ein wirkungsvoller Moiré-Effekt entsteht.

Druck & Veredelung Papiersorten

Kunde: Stadscollective
Den Haag
Design:
Faydherbe/De Vringer
Technik:
Verschiedene Bedruckstoffe
und Druckverfahren

A Decade of Difference

Diese Coverserie stammt von Faydherbe/De Vringer und wurde für eine Reihe von Büchern der Stadscollective Den Haag gestaltet, die ausgewählten Besuchern der Stadt als Geschenk überreicht wurden. Acht verschiedene Künstler wurden dabei um ihre Mitarbeit gebeten. Um eine gewisse Kontinuität zu wahren, erstellten die Designer für jedes Cover Zahlencollagen aus unterschiedlichen Schriftarten. Die Zahlen wurden mit zwei Spotfarben überdruckt, die jeweils mit der Farbe des Bedruckstoffs kontrastieren. Die Cover 6 und 8 wurden geprägt, die Cover 2, 4 und 5 überdruckt, und die Cover 1 und 3 mit metallischer Silberfarbe bedruckt.

Ungewöhnliche Bedruckstoffe
Fast jedes beliebige Trägermaterial lässt sich bedrucken, wobei jedoch unterschiedliche Probleme auftreten können.

Bedruckstoff	Verwendung	Druckverfahren
Metall	Schilder, Objekte, Cover von Berichten	Siebdruck, Transferdruck, Handdruck bzw. -zeichnung, Stanze
Keramik	Objekte	Handdruck bzw. -zeichnung
PVC	Schilder, Objekte, Cover von Berichten	Siebdruck, Transferdruck, Stanzen
Stoff	Kleidung, Fahnen, Cover von Berichten	Siebdruck, Handdruck bzw. -zeichnung
Menschlicher Körper	Werbeaktionen	Handdruck bzw. -zeichnung, Transferdruck
Holz	Schilder oder Objekte	Einbrennen, Siebdruck, Handdruck bzw. -zeichnung

 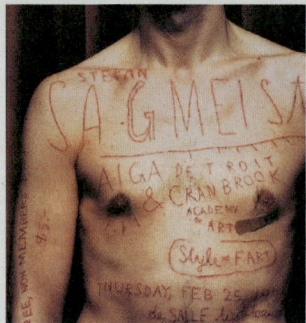 

Metall
Diese Einladung wurde vom Designstudio Howdy für die Personalberatungsfirma Boldly Go gestaltet. Das Datum der Veranstaltung ist in einen metallischen Trägerstoff eingestanzt, die E-Mail-Adresse der Firma wurde zusätzlich eingeätzt.

Körper
Dieses Plakat (Detail) für AIGA Detroit stammt vom New Yorker Designstudio Sagmeister Inc. Das Design ist in die Haut eingeritzt, um den Schmerz zu symbolisieren, der bei seinen Designprojekten eine Rolle spielt. Das Ergebnis ist faszinierend und schockierend zugleich.

Holz
Diese vom Studio Myerscough für die Galerie Her House gestaltete Einladung besteht aus dem Trägermaterial Holz, das im Siebdruckverfahren bedruckt wurde. Die Serifenschrift wirkt sehr solide und passt deshalb gut zu dem groben Bedruckstoff.

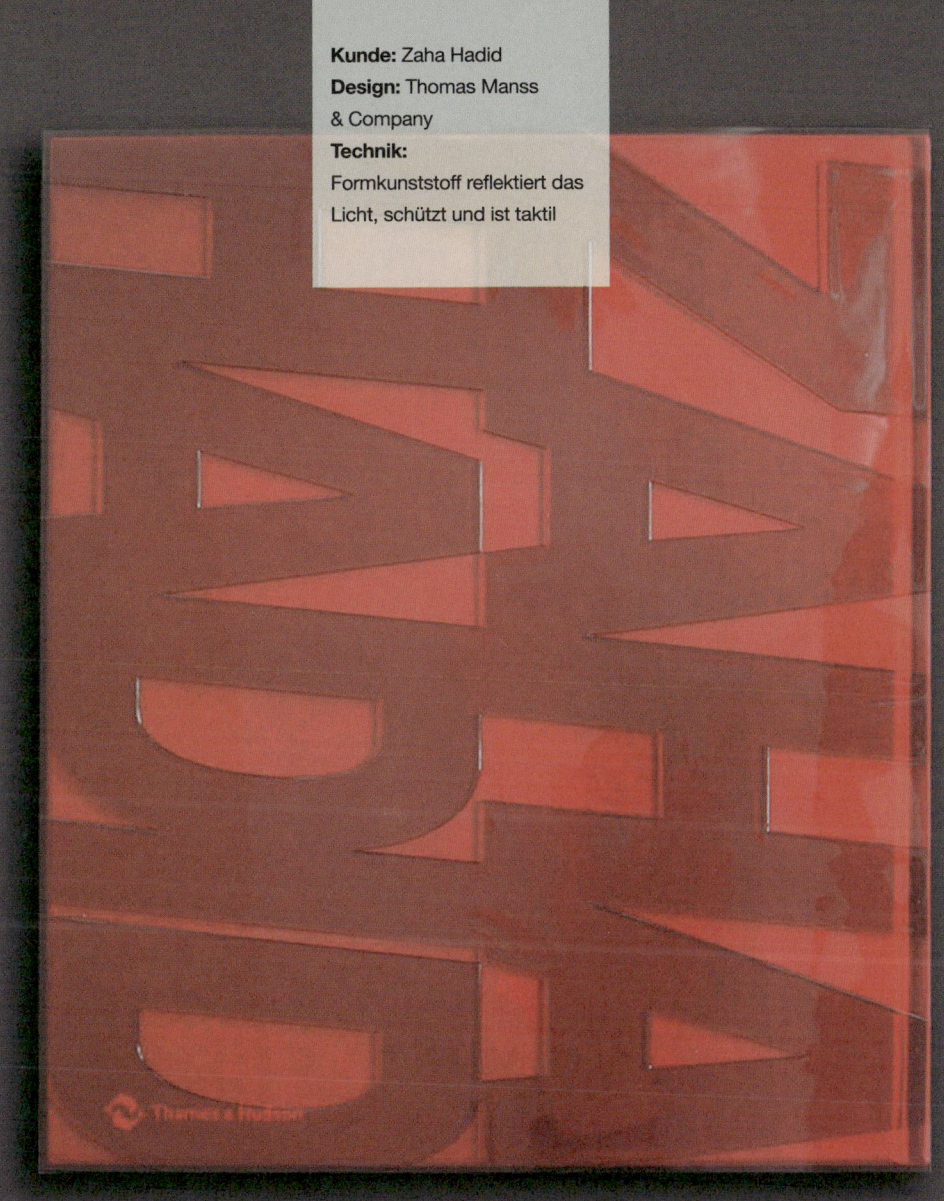

Kunde: Zaha Hadid
Design: Thomas Manss
& Company
Technik:
Formkunststoff reflektiert das
Licht, schützt und ist taktil

Zaha Hadid

Dieser Buchumschlag wurde von Thomas Manss & Company für das Architekturbüro Zaha Hadid gestaltet. Der Formkunststoff ist sehr eindrucksvoll, weil er das Licht einfängt und das Produkt dadurch wertvoller erscheinen lässt. Der transparente Kunststoff ist zugleich Schutz und taktiles Element und unterstreicht so die modernistische Einfachheit.

Druck & Veredelung Bedruckstoffe

Kunde: Staverton

Design: SEA Design

Technik:

Gelbes Plexiglas wertet die
Einladung auf

Design Prima
2005
Billingsgate

May 17–19
Stand T16

RSVP
T +44 (0)20 7731 9565
info@staverton.co.uk
www.staverton.co.uk

Staverton

Diesel (rechts)

Diese Einladung wurde vom Designstudio George & Vera für die Modemarke Diesel gestaltet. Das Design wurde im Siebdruckverfahren auf bläuliches Plexiglas aufgebracht, wodurch ein auffallendes und ungewöhnliches Objekt entstand, das länger in Erinnerung bleibt als eine Einladung aus Papier und auch nicht so schnell im Papierkorb landet.

Staverton (links)

Diese Einladung für das Möbelhaus Staverton stammt von SEA Design. Die gelbe Farbe aus der Corporate Identity der Firma dient als Ausgangsbasis für den weißen Text, der im Siebdruckverfahren auf gelbes Plexiglas aufgebracht wurde. Der innovative Einsatz eines ganz besonderen Materials macht diese Einladung so außergewöhnlich.

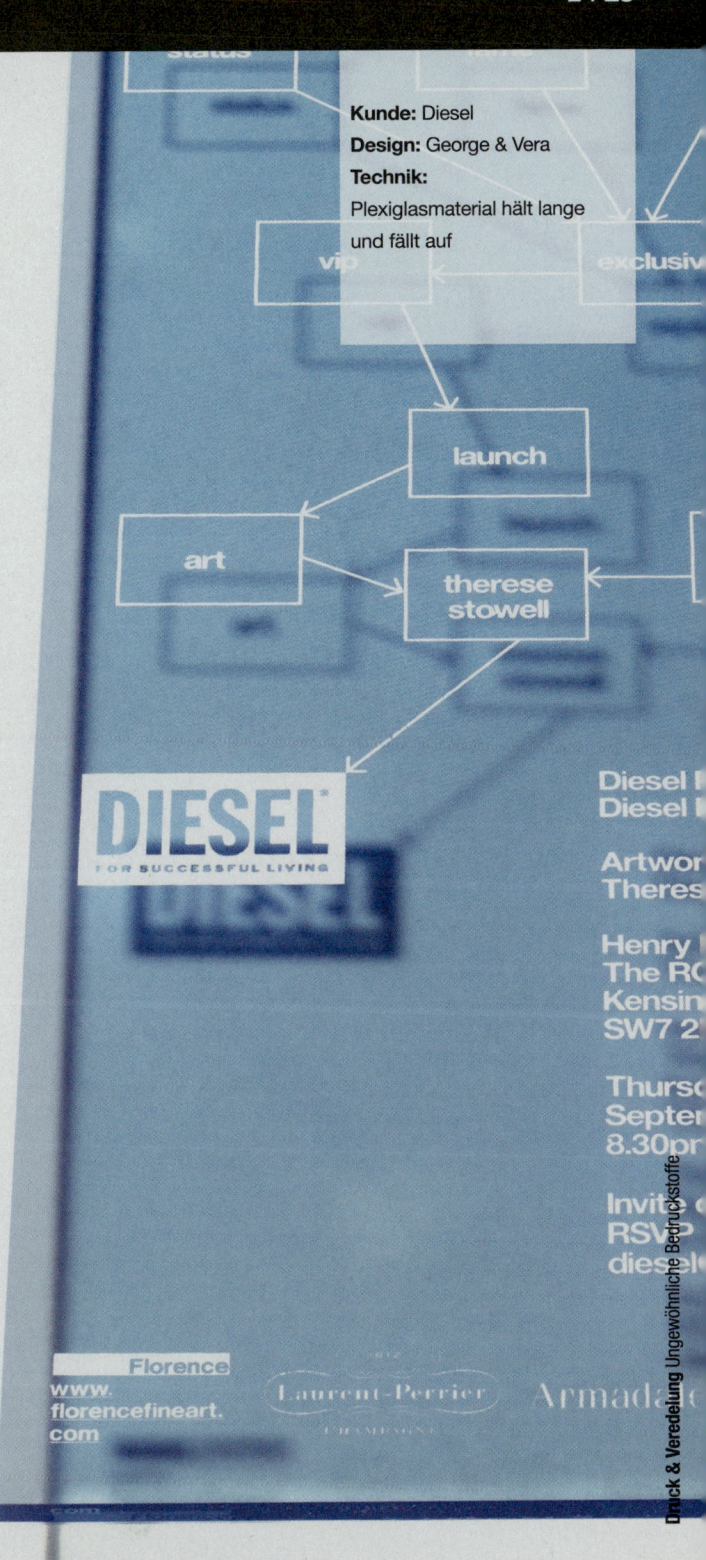

Kunde: Diesel
Design: George & Vera
Technik:
Plexiglasmaterial hält lange und fällt auf

Druck & Veredelung Ungewöhnliche Bedruckstoffe

Kunde: John Rocha
Design: SEA Design
Technik:
Siebdruckschrift auf
schwarzem Plexiglas

Cut to Black (oben)

Diese von der Agentur SEA Design gestaltete Einladung wurde anlässlich der Einführung einer neuen Kollektion von John Rocha bei Waterford Crystal an die Presse
verschickt. Die Veranstaltungsdaten wurden im Siebdruckverfahren auf schwarzes
Plexiglas aufgebracht, wodurch aus der Einladung ein außergewöhnliches Objekt
entstand.

Tapestry (rechts)

Diese Informationskarte stammt ebenfalls von SEA Design und wurde für eine Wer-
bekampagne für den Papierhersteller GF Smith entworfen, der sein neues Produkt
Tapestry vorstellte, eine von Stoffen inspirierte Papierqualität. Die Karte verwendet
als Bedruckstoff die Qualität Cotton White aus der neuen Produktserie und wurde
mit einem digitalisierten Ajourmuster bedruckt. Der Text wurde mit Bronzefolie so
aufgeprägt, dass das Blumenmuster des Papiers noch durchscheint.

Druck & Veredelung Bedruckstoffe

Ajourstickerei

Bestickter Stoff, meist weiße Baumwolle, in den ganz feine Lochmuster gestanzt und mit Stickfaden versäubert
werden. Mit solchen Lochstickereien verziert man Wäsche, Hemden und Röcke.

The new tab inspired coll from GF Smith

Tapes

Kunde: GF Smith
Design: SEA Design
Technik:
Karton mit eingeprägtem
Stickmuster und Text aus
Bronzefolie

London
GF Smith
2 Leathermarket
Weston Street
London SE1 3ET

elephone
0 7407 6174
simile
7403 1037
@gfsmith.com

Druck & Veredelung Ungewöhnliche Bedruckstoffe

Durchscheinen

Beim Durchscheinen ist die auf einer Seite aufgebrachte Druckfarbe auch auf der anderen, nicht bedruckten Seite sichtbar; der Durchscheineffekt hängt vom Bedruckstoff ab.

Dünne, saugfähige Bedruckstoffe, die wenig Füll- bzw. Deckmaterial enthalten, lassen die Druckfarbe am ehesten durchscheinen. Einige Bedruckstoffe sind so transparent, dass sogar die Folgeseiten noch sichtbar sind. Das Durchscheinen gilt landläufig als Mangel, kann jedoch auch sehr kreativ und wirkungsvoll eingesetzt werden.

Memo (oben und rechts)

Diese Zeitschrift wird für das Architekturbüro Magyar Marsoni produziert. Ein transparentes Einschaltblatt aus Velinpapier liegt über dem ersten Bild. Dieses feine Papier verleiht der Zeitschrift einen taktilen Effekt und lässt gleichzeitig das Bild durch den Einführungstext durchscheinen.

Kunde: Magyar Marsoni
Design: Untitled
Technik:
Einschaltblatt aus Velinpapier
wirkt taktil und lässt Bild
durchscheinen

Welcome to issue one of MEMO, a new periodical from Magyar Marsoni Architects. There is a ready supply of publications about architecture and of people ready to make their views known about it. Our intention with MEMO is not so much to publish or make news as to generate a less heated, more reflective discussion of current issues in architecture as they affect a practice that is, in size at least, representative of the majority in the UK. MEMO gets its name from its loose, informal nature. The text is, literally, a discussion: the sort of ad hoc, after hours dialogue that provides both solace and inspiration to us in the midst of running an architectural practice. Each conversation, each edition of MEMO, will centre loosely on a theme. The first theme is, appropriately enough, ORIGINS.

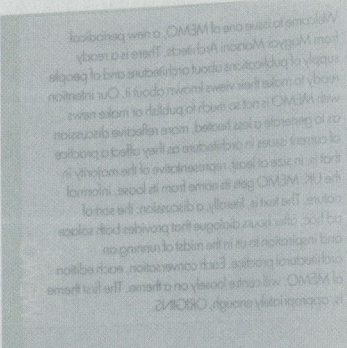

Kunde: Boot
Design: Untitled
Technik:
Leichtes Bibeldruckpapier lässt
Bild und Text durchscheinen

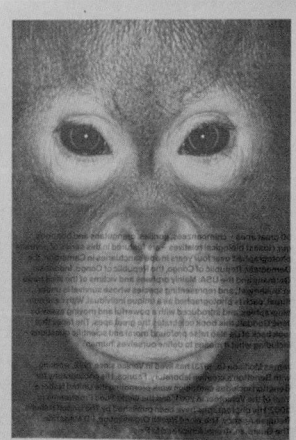

Absichtlich durchscheinende Elemente können einen vielschichtigen, strukturierten Effekt erzeugen, weil sich die einzelnen Teile überlagern.

Chris Boot Ltd

Dieser Katalog wurde von Untitled für Chris Boot Ltd gestaltet, einen Verlag für moderne Bildbände. Durch das leichte Bibeldruckpapier ist der Katalog sehr dünn mit einem leichten Durchscheineffekt zwischen den Seiten. Die Bilder verbinden sich nahtlos mit dem Text, wodurch der Katalog sehr leicht und strukturiert erscheint.

Ausschießen

Ausschießen bedeutet die Anordnung der Seiten einer Publikation in der korrekten Reihenfolge und der richtigen Ausrichtung vor dem Falzen und Schneiden.

Anhand des Ausschießschemas kann der Designer schon in der Planungsphase sehen, wie der Farblauf oder die Verwendung unterschiedlicher Bedruckstoffe in einer Publikation aussieht, wie beim Ausschießschema auf der nächsten Seite.

Dieses Buch besteht aus Bogen zu je 16 Seiten.
Das Schema links zeigt den Seitenverlauf auf einem Druckbogen, der beidseitig bedruckt und dann gefaltet wird, um 16 Seiten zu erhalten. Vorder- und Rückseite werden in zwei Druckdurchläufen bedruckt, sodass jeweils eine andere Sonderfarbe verwendet werden kann. Pro Durchlauf selbst ist jedoch nur eine Sonderfarbe möglich, also auf den Seiten 1, 4, 5, 8, 9, 12, 13 und 16 bzw. den Seiten 2, 3, 6, 7, 10, 11, 14 und 15. Nach dem Falten liegen die Seiten 1 und 2 (farbig markiert) hintereinander.

Das Ausschießschema erfüllt mehrere Funktionen. Der Designer sieht den Lauf der Farben und Papiersorten und kann erkennen, wie er beide Elemente optimieren kann. Wenn z.B. das Budget für ein Printprodukt die Verwendung einer Sonderfarbe auf einer Seite vorsieht, zeigt das Ausschießschema, auf welchen Seiten diese Farbe ohne weitere Kosten auch noch eingesetzt werden könnte, um das Produkt zusätzlich aufzuwerten.

Druckdurchlauf
Dieser Begriff bezieht sich auf den Durchlauf eines Druckbogens durch die Druckmaschine.
Sonderfarbe
Eine Sonderfarbe (auch Spotfarbe genannt) wird im jeweils gewünschten Farbton speziell gemischt.

Dieses Buch besteht aus Druckbogen mit jeweils 16 Seiten, d.h. es sind im Schön-
und Widerdruck jeweils acht Seiten zu sehen.

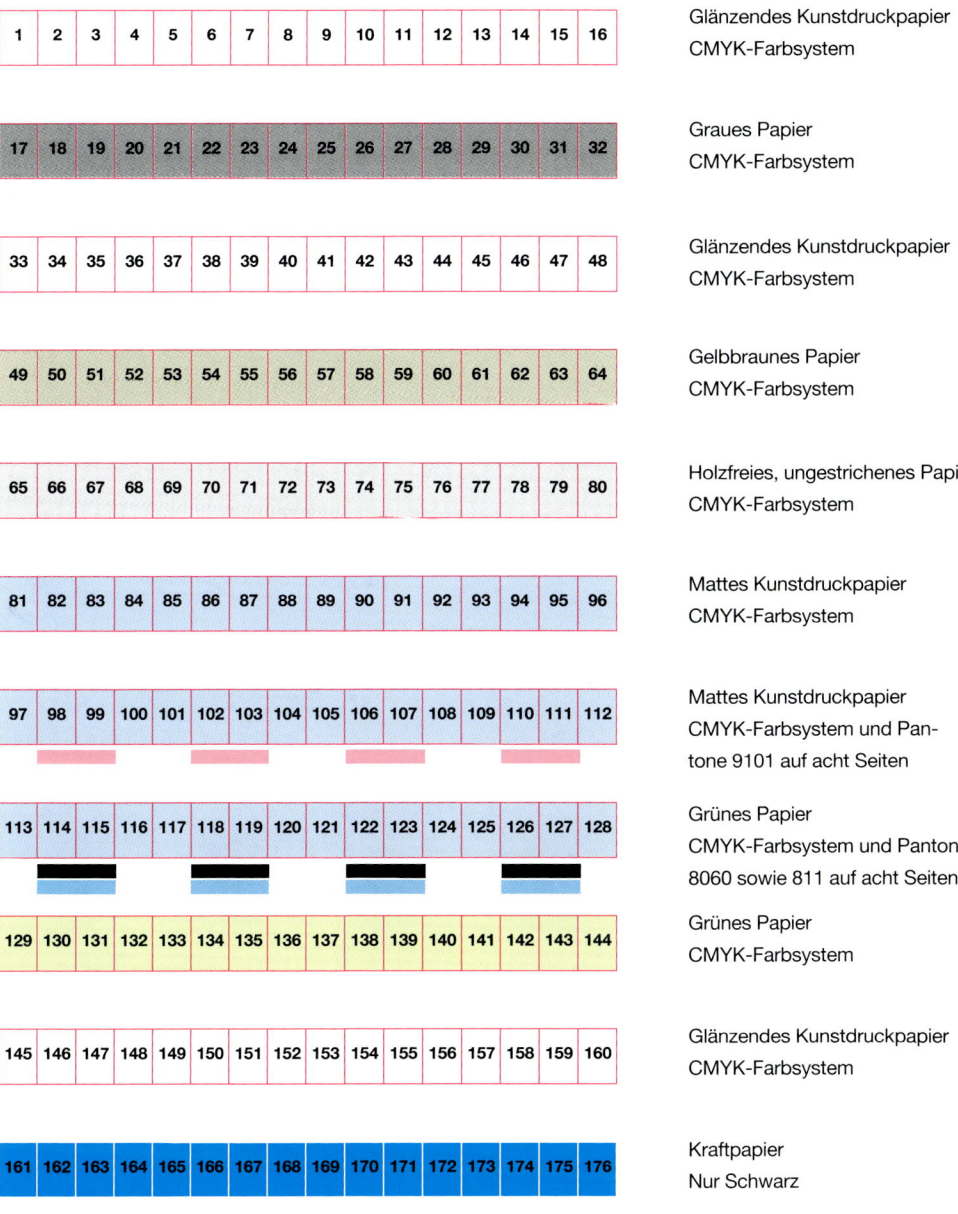

																Glänzendes Kunstdruckpapier
1	2	3	4	5	6	7	8	9	10	11	12	13	14	15	16	CMYK-Farbsystem

Glänzendes Kunstdruckpapier
CMYK-Farbsystem
(1–16)

Graues Papier
CMYK-Farbsystem
(17–32)

Glänzendes Kunstdruckpapier
CMYK-Farbsystem
(33–48)

Gelbbraunes Papier
CMYK-Farbsystem
(49–64)

Holzfreies, ungestrichenes Papier
CMYK-Farbsystem
(65–80)

Mattes Kunstdruckpapier
CMYK-Farbsystem
(81–96)

Mattes Kunstdruckpapier
CMYK-Farbsystem und Pan-
tone 9101 auf acht Seiten
(97–112)

Grünes Papier
CMYK-Farbsystem und Pantone
8060 sowie 811 auf acht Seiten
(113–128)

Grünes Papier
CMYK-Farbsystem
(129–144)

Glänzendes Kunstdruckpapier
CMYK-Farbsystem
(145–160)

Kraftpapier
Nur Schwarz
(161–176)

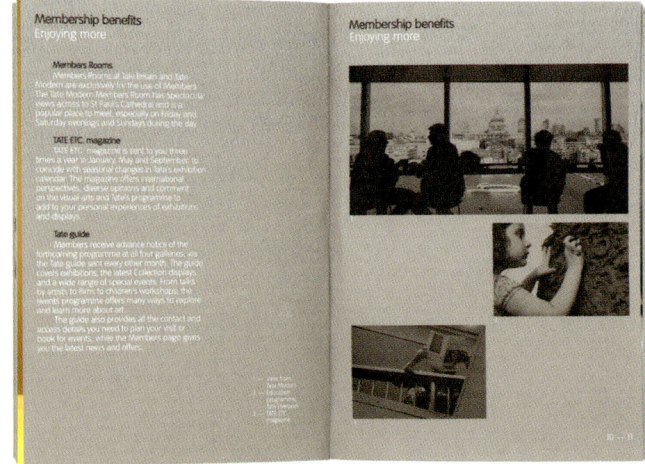

Tate Galleries

Diese Broschüre für die Mitglieder der englischen Tate Galleries stammt von NB: Studio. Einige Farbseiten, die auf hochglänzendes, weißes Papier gedruckt sind, wurden zwischen den Standardbedruckstoff aus ungestrichenem, farbigem Papier geschaltet. Daraus ergibt sich ein auffälliger Kontrast zwischen den taktilen, grauen Bereichen und den hochglänzenden, laminierten weißen Seiten.

Kunde: Tate Galleries
Design: NB: Studio
Technik:
Kreative Anordnung von
weißem Hochglanzpapier
zwischen farbigem Grund-
material

Foreword
Welcome to Tate

Thank you for becoming a Tate Member.
We value your support enormously and I hope you
will enjoy this closer association with Tate and
take full advantage of the benefits of membership.

Whether you visit frequently or occasionally,
Members are part of Tate and play a vital role
in our success. Your enthusiasm helps us to draw
in and inspire new visitors, and creates energy
throughout the galleries. You share our belief in
the ability of art to change lives, and are
invaluable advocates. The financial support you
provide enables us to purchase and preserve
works of art for the Collection, and to bring the
visual arts to increasingly diverse audiences
through Tate's innovative series of exhibitions,
events and education programmes.

Museums and galleries have enormous
potential to liberate the imagination, open doors
to the past and reflect the creative energy
of the present. With your help we hope to realise
this potential. Thank you for supporting us
today and playing your part in shaping the Tate
of the future.

Nicholas Serota
Director

One Tate, four galleries
Tate St Ives

'There is something
indefinable, even magical,
about Tate St Ives'
— Member

Tate St Ives opened in 1993 to provide
a focus for the St Ives School of artists within
the British modern movement, while today also
supporting contemporary art through the
Artist in Residence scheme. The gallery has a
spectacular coastal setting, with large windows
and balconies offering views across Porthmeor
Beach and the opportunity to appreciate the
extraordinary quality of light for which St Ives is
famous. Exhibitions of work by established and
emerging artists are presented throughout
the year, alongside changing Collection displays
of painting and sculpture by artists with a
connection to St Ives.

1 — View of the gallery
2 — Collection display

22 — 23

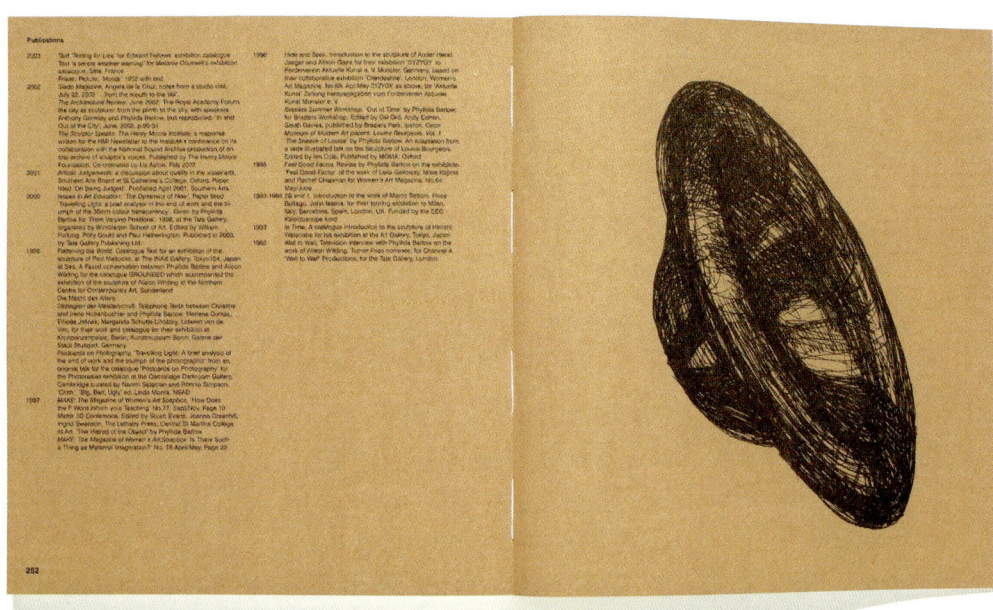

At Sea: a conversation by fax between Phyllida Barlow and Alison Wilding 22.08.98 – 02.09.98

Bibeldruckpapier
Auch Dünndruckpapier genannt. Dünnes, leichtes, aber robustes Papier, opak. Das Papier wird so genannt, weil es oft für den Druck von Bibeln und anderen sehr umfangreichen Büchern verwendet wird.

Phyllida Barlow

Diese Broschüre über die Arbeit der Bildhauerin Phyllida Barlow wurde von Gavin Ambrose für Black Dog Publishing gestaltet. Barlow verwendet in ihren Werken sehr ungewöhnliche Materialien, die sie z.B. auf dem Schrottplatz findet. Die einzelnen Kapitel der Broschüre unterscheiden sich durch unterschiedliches Papier, von Kraftpapier über gestrichenes und ungestrichenes Papier bis hin zu Bibeldruckpapier.

Kunde: Black Dog Publishing

Design: Gavin Ambrose

Technik: Unterschiedliche Papiersorten verleihen Struktur

Phyllida Barlow's
Sculptural
Imagination
Mark Godfrey

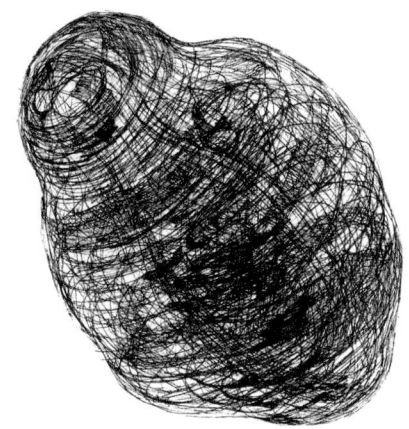

The Sneeze
of Louise
Phyllida Barlow

Boxes
27 plywood boxes
Each 30 x 30 x 30 cm
1968

This essay is adapted from a slide-illustrated lecture on the sculpture of Louise Bourgeois and refers to work seen during 1995 in the exhibitions *Rites of Passage* at the Tate Gallery Millbank, London; *Louise Bourgeois* at the Musee d'Art Moderne de la Ville de Paris, and *Louise Bourgeois: Sculpture and The Prints of Louise Bourgeois* at the Museum of Modern Art, Oxford. The slide illustrated talk emphasised a narrative interpretation of the sculpture as well as identifying the rich formal concerns inherent to the work. The working title for the talk was 'Telling Tales: interpreting Louise Bourgeois' sculptural narratives.

Whilst looking at Louise Bourgeois' *Cells* and *The Red Rooms* in the Musee de l'Art Moderne de la Ville de Paris and the Tate Gallery, London I thought about the devices artists have used during this century to frame and contain disparate things so as to bring unlikely, opposing or contrasting objects together as a unified experience - devices such as boxes, plinths, cages and, of course recently, the ubiquitous vitrine.

I recalled Marcel Duchamp's *Why Not Sneeze, Rrose Selavy* of 1921. As a small, neat object it is easy to remember. Its disparate collection of things are unified by a small, portable cage. The ring on top is just big enough for a finger to go through suggesting a container for the lightest of animals – small birds to be transported to and from market. It is therefore a portable object which, as such, clearly shows the signs of wear and tear.

It contains a collection of white cubes, apparently trapped. Though marble is a dense, heavy material the cubes masquerade perfectly as cubes of sugar. Protruding into the cubes are two objects: a thermometer and a cuttle bone. The thermometer is an instrument which measures and records the changes in body temperature, registering sickness or health, but here, as it nestles and probes into the cool deceitful cubes of marble sugar, what change is expected to be detected? Perhaps a rise in temperature would cause an explosion and the

168

169

Einschaltblätter

Einschaltblätter sind einzelne Blätter, die entlang des Bunds in eine Publikation eingeklebt oder in den Buchblock eingebunden werden.

Ist ein Einschaltblatt kürzer als die restlichen Seiten, wird es an der oberen bzw. unteren Kante ausgerichtet. Beim Einschalten in der Mitte einer Publikation kann es Probleme mit der korrekten Ausrichtung geben. Kunstdrucke werden meist im Tiefdruckverfahren hergestellt und dann in Bildbände eingeschaltet. Bei Inserts handelt es sich im Gegensatz dazu um lose Einlagen in Publikationen.

Einkleben

Hierbei werden kleine Elemente, z.B. eine Illustration oder eine Antwortkarte, in eine Publikation geklebt, wie das Beispiel auf der nächsten Seite verdeutlicht.

Einschaltblatt einseitig gekürzt

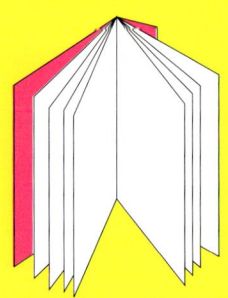

Einschaltblatt oben ausgerichtet

Einschaltblatt volle Breite

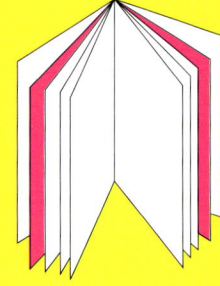

Einschaltblatt unten ausgerichtet

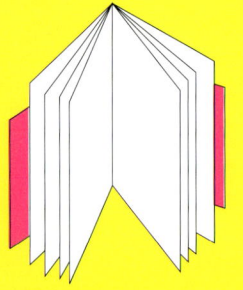

Eingeklebtes Insert

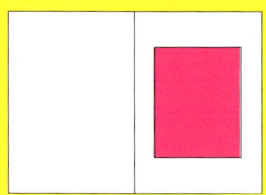

Einschaltblatt

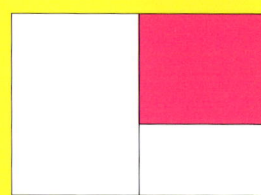

Gagosian Gallery

Dieses Buch mit dem Titel *Six Paints and a Sculpture* wurde von Bruce Mau Design für die Gagosian Gallery in New York gestaltet und stellt Werke des Künstlers Cy Twombly vor. Jede der eingeklebten Farbtafeln wurde separat hergestellt und nachträglich eingefügt.

Kunde: Gagosian Gallery
Design: Bruce Mau Design
Technik:
Eingeklebte Farbtafeln

Tiefdruck

Beim Tiefdruck liegen die druckenden Elemente in Form von vertieften Näpfchen in der Oberfläche des Druckzylinders. Die Farbe befindet sich in der Oberfläche des Zylinders und wird unter Druck auf den Bedruckstoff übertragen.

Kunde: Autograph ABP
Design: Untitled
Technik:
Farbige Hochglanzseiten als
Einschaltblätter zwischen
schwarzen Seiten

Cover illustration
© 2003, David Adjaye

THE
PROJECT

Franklyn Rodgers

THE
ARCHITECT

THE
LOCATION

Dawoud Bey

Johannes Phokela

A Sense of Place

Diese Broschüre wurde vom Designstudio Untitled für das Projekt A Sense of Place der internationalen Foto-agentur Autograph ABP erstellt. Die Broschüre besteht aus schwarzen Seiten mit Silberdruck, zwischen die farbige Hochglanzseiten ein-geschaltet wurden, um einen Kontrast zwischen den Bedruckstoffen und den Glanzgraden zu erzielen.

Druck & Veredelung Einschaltblätter

Kunde: Merchant
Design: NB: Studio
Technik:

Eingeschaltete Inhaltsseite und

Antwortkarte

Merchant

Dieses Handbuch wurde von NB: Studio für Merchant gestaltet, eine Firma, die Jahresberichte für internationale Konzerne erstellt. Die Inhaltsseite und eine perforierte Antwortkarte am Ende des Buchs wurden eingeschaltet. So konnten unterschiedliche Papierqualitäten und -farben verwendet werden, wodurch die verschiedenen Informationen deutlich sichtbar voneinander getrennt wurden. Außerdem ist die Antwortkarte auf eine schwere Papiersorte gedruckt.

Kunde: Established & Sons
Design: MadeThought
Technik:
Eingeschaltete Einladungen

Established & Sons

Für die britische Design-
und Produktionsfirma
Established & Sons ge-
staltete das Designstudio
MadeThought diese Bro-
schüre. Einladungen zu
einer Ausstellung der Firma wurden zwischen die
Seiten eingeschaltet. So
konnten die unterschied-
lichen Elemente mit ver-
schiedenen Druckverfah-
ren bearbeitet werden. Die
untere Abbildung zeigt
eine eingeschaltete Seite
mit Text in Metalldruckfar-
be, die obere ein farbiges
Einschaltblatt, das die Hie-
rarchie der Information
verdeutlicht.

Druck & Veredelung Einschaltblätter

Duplexpapier

Duplexpapier besteht aus zwei Schichten. So können sich die beiden Seiten eines Blatts in Farbe, Struktur und Bearbeitung unterscheiden.

Duplexpapier ist schwerer als normales Papier. Aus zwei Kartons von 270 g/m² ergibt sich z.B. ein Duplexkarton von 540 g/m².

Vorderseite

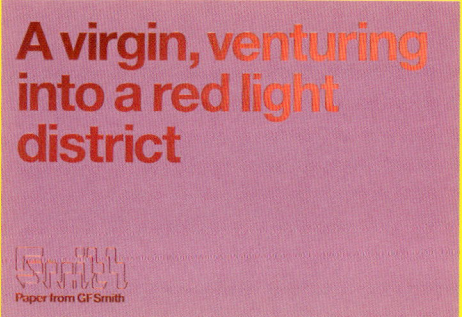

Rückseite

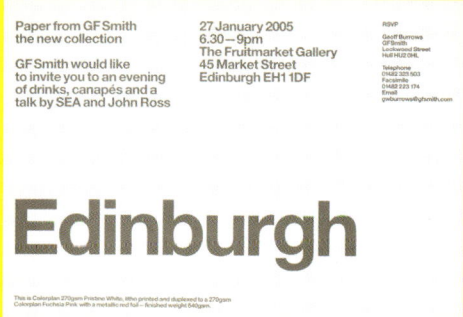

Vorderseite

Rückseite

GF Smith

SEA Design erstellte diese Einladungen für den Papierhersteller GF Smith auf Duplexpapier. Die Einladung auf der rechten Seite ist aus hellbraunem Papier mit eingeprägtem Text. Es wurde mit orangefarbenem Kunstleder mit eingeprägtem Text verklebt. Auf dieser Seite ist Duplexpapier aus reinweißem und fuchsienrotem Papier zu sehen (oben) sowie aus lavendelfarbenem und hellrosa Papier (unten).

Kunde: GF Smith
Design: SEA Design
Technik:
Duplexpapier für Einladungen
und Produktinformationen

ollecti...
...apers and
...ased in an
...vatch will
...o take away
...ibition stand
...and L27.

Metallic, pearlescent,
tissue, iridescent, felt
marked, corrugated,
bible paper, onionskin,
parchment, press board,
archival, embossed,
translucent, coloured
tissue, glassine, surface
enhanced papers,
boards & envelopes.

Fair

Drucken

Kunde: Self Published
Design: Untitled
Technik:
Unterschiedliche Bedruck-
stoffe mit Prägefoliendruck
und Lackierung

Drucken

Der Begriff Drucken bezieht sich auf die unterschiedlichen Verfahren, mit denen sich Druckfarben auf Bedruckstoffe aufbringen lassen, z.B. Offsetdruck, Siebdruck, Tiefdruck, Hochdruck, Bleisatzdruck, Linoldruck, Thermoreliefdruck, Tintenstrahldruck, Laserdruck. Jedes Verfahren hat unterschiedliche Variablen, etwa die Druckgeschwindigkeit, die verfügbare Farbpalette, oder die Kosten. Unterschiedliche Druckverfahren wirken sich auf den jeweiligen Bedruckstoff unterschiedlich aus. Ein schwarzweißer Laserdruck kann z.B. für einen gut lesbaren Flyer eingesetzt werden, hinterlässt aber im Bedruckstoff keine Vertiefung, was etwa beim Hochdruck der Fall wäre.

Oft wird das Druckverfahren bei der Planung einer Publikation nicht berücksichtigt, doch man sollte sich darüber möglichst frühzeitig Gedanken machen, um den optischen Eindruck des Endprodukts zu optimieren und Zeit- sowie Budgetbeschränkungen besser im Griff zu haben.

Dieses Kapitel befasst sich mit einigen Projekten, bei denen die unterschiedlichen Druckverfahren auf sehr kreative Art und Weise eingesetzt wurden.

Untitled (links)

Diese Karten wurden vom Designstudio Untitled zu Werbezwecken gestaltet. Jede Karte besteht aus einem anderen Bedruckstoff und zeigt interessante Druckeffekte, z.B. Prägefoliendruck und Lackierung. Drucklacke reflektieren das Licht und sind besonders auffällig.

Lithografie und CTP
Die Druckfarbe wird von der Druckplatte auf ein Gummituch und von dort auf den Bedruckstoff übertragen.

Die Vorteile des Offsetdrucks sind hohe Auflagen, hohe Geschwindigkeiten und gleichbleibend gute Qualität. Beim Bogenoffsetdruck handelt es sich meist um einen Vierfarbdruck. Beim Rollenoffsetdruck werden keine einzelnen Bogen, sondern Papierrollen verwendet, wodurch noch höhere Geschwindigkeiten erzielt werden.

Jeder der grauen Türme dieser Bogenoffsetmaschine enthält eine Reihe von Druckplatten und Walzen, die den Bedruckstoff mit unterschiedlichen Farben bedrucken.

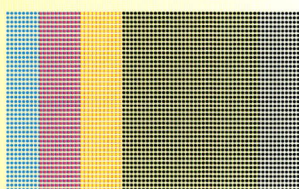

Raster

Zur Wiedergabe von Halbtönen erlauben die meisten Druckverfahren keine echten Halbtöne. Sie verwenden stattdessen Raster. Im Druck erzeugen die Rasterpunkte die Illusion eines vollfarbigen Bilds. Wenn die Rasterwinkel wie im Beispiel oben gleich sind, bildet sich ein Muster, und die Farben wirken unsauber. Deshalb werden für jede Farbe unterschiedliche Rasterwinkel verwendet. Jede Druckfarbe wird einzeln gerastert und in Rasterpunkte umgesetzt, die für die Herstellung der Druckplatte verwendet werden.

Dieses Graustufenbild (unten links) ist mit einem groben Raster gedruckt. Beim Duplexbild (Duotone) werden zwei Farben verwendet, hier Schwarz und Magenta. Bei einem Triplex (Tritone) verwendet man drei Farben, beim Vierfarbdruck vier. Das Vollfarbbild in Schwarz nutzt alle Prozessfarben für eine einfarbige Abbildung mit besonderer Tiefenwirkung.

Graustufenbild

Duplexbild

Vierfarbbild

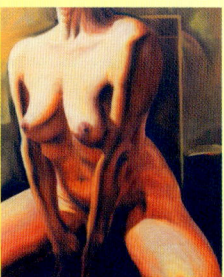

Vollfarbbild

Druck & Veredelung Drucken

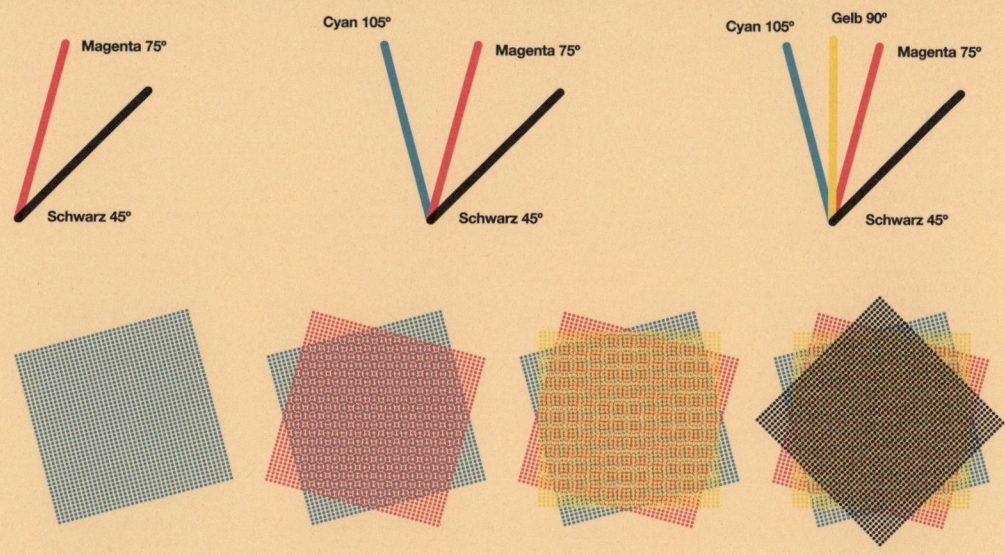

Rasterwinkel

Jede der vier Prozessfarben hat ihren eigenen Standardwinkel (Schwarz 45°, Magenta 75°, Gelb 90° und Cyan 105°). Die unterschiedlichen Rasterwinkel stellen sicher, dass es bei mehrfarbigen Drucken zu keiner störenden Musterbildung (Moiré) kommt.

Bei zwei Druckfarben, z.B. Schwarz und einer weiteren Prozess- bzw. Sonderfarbe, werden verschiedene Rasterwinkel verwendet. Schwarz wird mit einem Winkel von 45° gedruckt, weil dieser Winkel für das menschliche Auge am unauffälligsten ist und Schwarz die stärkste Farbe ist; die zweite Farbe wird dann mit einem Winkel von 75° gedruckt. Dieses Prinzip gilt auch beim Vierfarbdruck, und auch wenn eine fünfte Farbe hinzugefügt wird, erhält diese einen eigenen Rasterwinkel.

Moiré

Moiré entsteht, wenn sich die Punkte zweier Raster überlagern und ein störendes Muster bilden. Bei den Abbildungen oben ist gut zu erkennen, dass die Raster im falschen Winkel gedruckt wurden und ein Moiré-Effekt entsteht. Nur bei der Abbildung rechts sind die Rasterwinkel korrekt (Cyan 105° und Magenta 75°), sodass ein solcher Effekt nicht sichtbar ist.

Computer-to-plate (CTP)

Beim modernen CTP-Verfahren werden die Daten vom Computer direkt auf die Druckplatte übertragen, ohne den Umweg über einen Film. Da im Vergleich zum bisher üblichen Verfahren ein Arbeitsgang entfällt, ist eine höhere Auflösung möglich. Außerdem findet der Transfer in einer sterilen Umgebung statt, sodass Staub und Schmutz kein Problem mehr sind.

Punktzuwachs

Der Begriff Punktzuwachs (auch Tonwertzunahme genannt) beschreibt die Vergrößerung eines Rasterpunkts im Druckergebnis. Je saugfähiger ein Bedruckstoff ist, z.B. Zeitungspapier, desto größer ist der Punktzuwachs. Gestrichene Papiersorten werden mit einer feinen Streichmasse überzogen, die nur wenig Druckfarbe absorbiert und so sehr präzise, scharfe Abbildungen ermöglichen.

Rasterweite

Die Abbildungen unten sind in den drei üblichen Rasterweiten wiedergegeben: 60 lpi (grob), 133 lpi (Standard) und 175 lpi (fein, für qualitativ hochwertige Drucke, wie etwa dieses Buch). Geringere Rasterweiten ergeben gröbere Raster, was aber je nach Bedruckstoff auch sinnvoll sein kann. Beim Druck auf ungestrichenes, saugfähiges Papier, wie in diesem Buch die Seiten 65 bis 80, verwendet man eine geringere Rasterweite, sodass der Punktzuwachs nicht dazu führt, dass die Abbildungen unsauber aussehen.

60 lpi

133 lpi

175 lpi

1%	2%	3%	4%	5%	6%	7%	8%	9%	10%
1%	2%	3%	4%	5%	6%	7%	8%	9%	10%
1%	2%	3%	4%	5%	6%	7%	8%	9%	10%
1%	2%	3%	4%	5%	6%	7%	8%	9%	10%

Abtönung

Mit dem CTP-Verfahren sind höhere Auflösungen möglich und dadurch auch feinere Abtönungen (Helltönungen) als mit den bisher üblichen Druckverfahren. Abtönungen sind bisher in Abstufungen von etwa 8 bis 10% machbar. Die Farbstreifen oben (C, M, Y und K) zeigen, dass mit CTP auch weitaus geringere Abstufungen möglich sind. Gelb ist die hellste Farbe in diesem Spektrum, und deshalb verschwindet eine Helltönung hier optisch viel schneller als bei den anderen Farben.

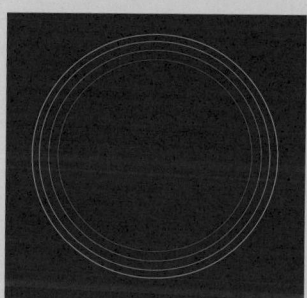

Umkehrdruck

Beim CTP-Verfahren werden die Rasterpunkte genau dort platziert, wo sie liegen sollten und nicht entlang einer starren x/y-Achse. So entstehen weichere Linien mit einer besseren Auflösung und sauberen Kanten. Allerdings bereiten Linien, die dünner als 0,25 mm sind, weiterhin Probleme, besonders im Umkehrdruck, wenn die Schrift invers dargestellt wird.

Beim Umkehrdruck ist es deshalb sinnvoll, sich auf einfache, lineare Schriftarten zu beschränken und einen höheren Schriftgrad mit einer etwas breiteren Laufweite zu wählen – aufgrund des Punktzuwachses liegen die einzelnen Buchstaben im Endergebnis enger beieinander.

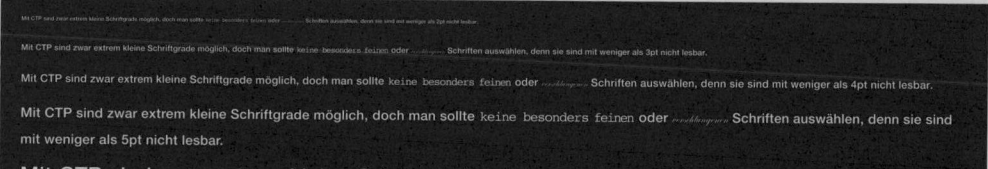

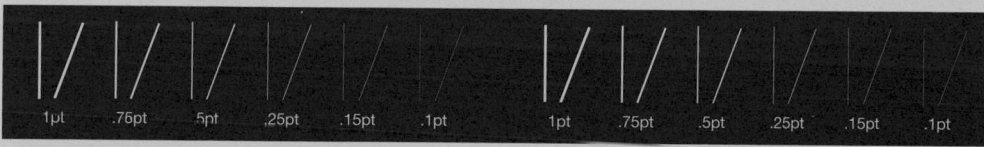

Aquarelldruck
Bei dieser speziellen Technik lassen sich auch die allerfeinsten Farben auf einen Bedruckstoff übertragen.

Meist verwendet man dazu Druckfarben, die extrem verdünnt wurden, um eine besonders kontrastarme Farbe zu erzielen. Die Schicht wird aufgetragen, indem die Druckbogen vollflächig mit der verdünnten Farbe bedruckt werden.

Wäre diese Farbe im Rahmen des Vierfarbdrucks aufgebracht worden, wäre sie, wie unten gezeigt, in Form von Rasterpunkten entstanden. Durch den Aquarelldruck ist jedoch ein viel feinerer Farbauftrag möglich.

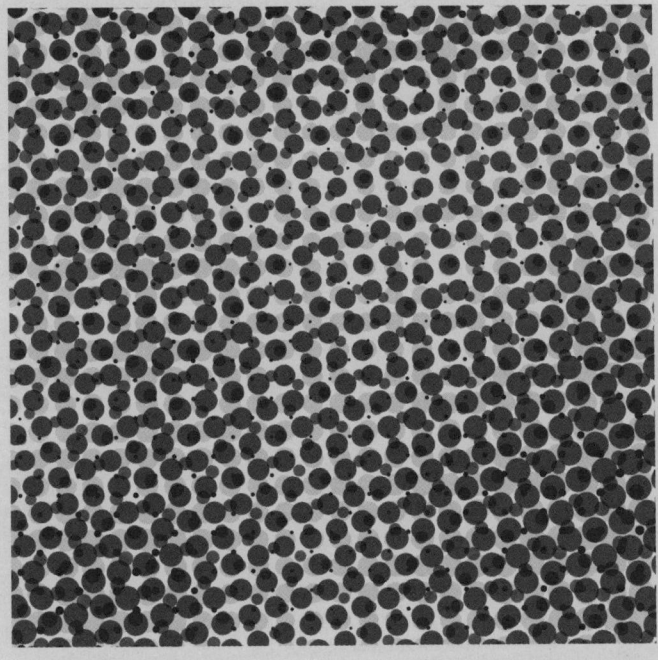

Farbflächen, wie das kleine Quadrat oben, bestehen meist aus Rasterpunkten der vier Prozessfarben, wie in der Vergrößerung gut zu sehen ist.

Brick-work (rechts)

Brick-work wurde vom Designstudio Cartlidge Levene für das Architekturbüro Sergison Bates gestaltet. Die Einschaltblätter aus feinem, kontrastarmen Papier in grauer Farbe sind im Aquarelldruck entstanden. Die verdünnte, beim ersten Druckdurchlauf vollflächig aufgebrachte Farbe ergibt einen feinen, hellen Hintergrund. Erst der zweite Durchlauf ist der Standard-Druckdurchlauf.

Kunde: Sergison Bates
Design: Cartlidge Levene
Technik:
Helle Hintergrundfarbe der
Einschaltblätter durch
Aquarelldruck

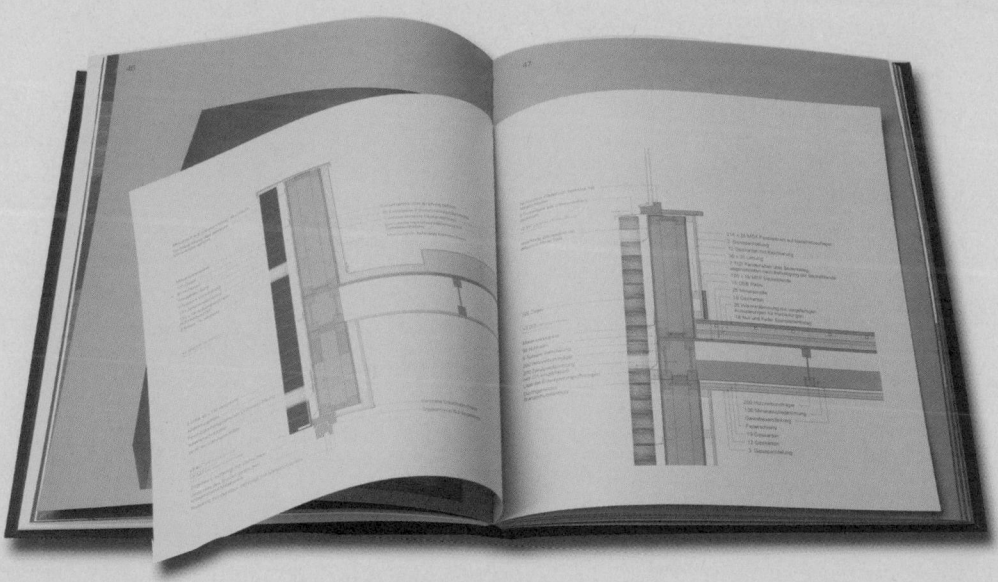

Siebdruck
Beim Siebdruck wird die Druckfarbe durch ein belichtetes Sieb auf den Bedruckstoff gepresst.

Der Siebdruck ist nicht für hohe Auflagen geeignet, da jede Druckfarbe erst trocknen muss, bevor man die nächste Farbe aufbringen kann. Der große Vorteil ist, dass praktisch alle Materialien bedruckt werden können. Beim Siebdruck ist es auch möglich, dickflüssigere Druckfarben zu verwenden, sodass das Endprodukt zusätzlich taktiler gestaltet werden kann.

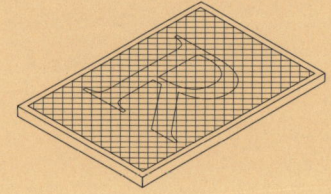

Die unbelichteten Stellen lösen sich aus dem Siebgewebe, sodass die Maschen dort farbdurchlässig werden. Der Siebrahmen wird auf den Bedruckstoff gelegt.

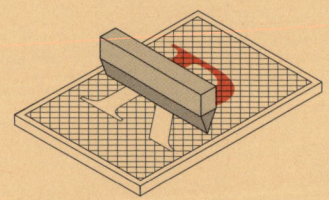

Mit einer Rakel wird die Druckfarbe auf dem Sieb verteilt und an den offenen Stellen durch das Sieb gepresst.

Anschließend wird das Sieb vorsichtig entfernt und der Druckvorgang ist abgeschlossen.

Housing Services (rechts)

Diese Broschüre für die University of Arts in London stammt vom Designstudio Turnbull Grey. Die verwendete Graupappe wurde dreifarbig im Siebdruckverfahren bedruckt (Rot, Gelb und Weiß). Die taktile, natürliche Ausstrahlung der Graupappe wird durch die kräftigen, intensiven Farben noch verstärkt.

Kunde: University of the Arts, London
Design: Turnbull Grey
Technik:
Siebdruck auf Graupappe

HOUSING SERVICES

UNIVERSITY OF THE ARTS
LONDON CAMBERWELL COLLEGE OF ARTS
CENTRAL SAINT MARTINS COLLEGE OF ART
AND DESIGN CHELSEA COLLEGE OF ART AND
DESIGN LONDON COLLEGE OF COMMUNICATION
LONDON COLLEGE OF FASHION

Hochdruck

Beim Hochdruck werden die erhöhten Teile der Druckform eingefärbt und gegen den Bedruckstoff gepresst.

Der Hochdruck war das erste kommerzielle Druckverfahren. Die erhöhten Teile der Druckformen stammen meist von einzelnen Lettern, doch auch Fotogravur ist möglich. Die so genannte Schattierung, eine sichtbare Vertiefung auf der Rückseite des Bedruckstoffs, ist ein sicheres Erkennungsmerkmal des Hochdrucks.

Ein Nachteil des Hochdrucks ist die Tatsache, dass das Druckbild jedesmal anders aussieht. Die gedruckten Buchstaben sind unterschiedlich und dadurch einzigartig, und genau dieser vermeintliche Nachteil ist für viele Designer besonders interessant. Oft wird sogar das Originaldesign im Hochdruck hergestellt, anschließend gescannt und per Offsetdruck vervielfältigt.

Holzlettern für den Hochdruck

EEEESSSS

Diese gedruckten Buchstaben zeigen, welche natürlichen Defekte auftreten können.

Werbebroschüre (rechts)

Dieses Cover einer Werbebroschüre des Designstudios Turnbull Grey wurde im Hochdruckverfahren mit einer Balkenserifenschrift (Egyptienne) hergestellt. Jeder Buchstabe, und damit jede Broschüre, ist einzigartig, weil die einzelnen Lettern beim Druck die Farbe unterschiedlich aufgenommen und auf das Papier übertragen haben.

Kunde: Eigenverlag
Design: Turnbull Grey
Technik:
Hochdruck mit breiter
Egyptienne

Kunde: Zembla
Design: Frost Design
Technik:
Holzletter mit Text im
Umkehrdruck

We must always remind ourselves this: philosophy is an art form, a literary genre like poetry and fiction. The philosopher moves his concepts around on the page, just like the novelist manipulates his characters, he's certainly not producing science. But everything indicates that it is an art form in deplorable decline.

In a 21st century obsessed with utility, philosophy seems to be permanently confined to the dusty corridors of academia, where a handful of pale nerds spend their days tirelessly twisting and turning technicalities inherited from Hegel or Kant. And nobody in the outside world cares one iota. From a creative point of view, the art of philosophy seems dead.

But academia is hardly the right place to look for literary creativity; philosophy is actually doing just fine under various guises in the most surprising places. Remember that whenever we step outside the confines of our regular world view and start to question ourselves and our habitual perceptions of things, we instantly start doing philosophy. We establish a meta level, we think about thinking in a language about language.

Consequently, philosophy can, properly understood, capture the attention of a huge audience. It just isn't marketed very well at present. That could change quickly, however. We just need to remove three major misconceptions.

1. Philosophy is not an academic discipline. To take a professor of philosophy for a philosopher proper would be like regarding a professor of literature as a novelist or poet. Only rarely do these two separate functions coincide. This means, of course, that most of the relevant philosophy today is produced outside university departments, where they rather do the history of philosophy in the form of endless commentary.

A practical rule of thumb is: if a book has footnotes in it, it is anything but philosophy. It is an academic text, not art. Proper philosophy should have no more footnotes in it than fiction or poetry (Elliot is the exception that confirms this rule).

2. Philosophy is not science. Scientific rules simply do not apply. Philosophy proves nothing, and the utility value is zero, as is the case with poetry and fiction. In fact, the whole idea that human actions should be valued according to the amount of utility they produce, is itself a philosophical idea, called utilitarianism, in desperate need of philosophical scrutiny.

3. Philosophy is going big! Not in the sense of becoming omnipotent and dictating in detail how people should live their lives and build their societies. That would just amount to old-fashioned political ideology.

But big rather in the same sense that Big Science is big: aiming for a grand theory of everything. Which in the case of philosophy means a grand theory uniting the individual and collective subjects. And let's not forget that whatever Big Science comes up with, it will need Big Philosophy to work out and define the new and expanded world view that would have to accommodate a scientific theory of everything.

The philosophy of the last century, from Nietzsche via Wittgenstein to the postmodernists of the 1980s and 1990s, should be viewed as one big deconstruction project, an endeavour to expose the weaknesses and contradictions in the rationalist paradigm and the remaining ideas of the Enlightenment. But now we have reached the end of the line. There is nothing more to deconstruct, and we must not be too timid to declare that philosophy is now beginning to move in a different direction, redefining what it means to be human, or even trans-human, in a world of interactive communication and virtual communities.

This new development should actually come as no surprise. The whole deconstructionist rage of the last century makes perfect sense when you think if it as a big house-cleaning the day before the party guests arrive. With all the shortcomings of rationalism removed, philosophy is back in good shape, ready for new adventures. And as always in the history of philosophy, the new direction is one that nobody would have expected, least of all the discarded and gloomy postmodernists themselves. The new generation of superstar thinkers – like Slavoj Zizek, Brian Massumi, Simon Critchley, and The Scandinavians – take their cues from newscasts, movie scripts and quantum physics rather than from the annals of old philosophy.

Every major transformation of information technology has, given time for absorption, caused a revolution of the mind. The reason why the ancient Greeks were able to establish philosophy as a discourse was certainly not some sort of outstanding intelligence, but simply that the organisation of society – mainly determined by the dominant mode of communication – created the first social class in history with sufficient time and means to reflect on human existence in debate and in writing. So the Greeks took what had been imported from Egypt, Babylonia and Persia, and created a new art form. Philosophy had arrived.

The next revolution occurred in Europe in the 17th and 18th centuries. The invention of the printing press had changed the feudal society completely and gave birth to a whole new class, the urban bourgeoisie, and a new demand for information and social critique. The result was the shock to the system of thought since then referred to as the Enlightenment.

And now, with the arrival of interactive information technology, the framework for social power structures and thought patterns change drastically. While the mass media obsess over the all-new gadgets, philosophy is interested in the social and cultural implications of interactivity. Nothing could be more important, since the revolution in technology inevitably will bring about a crisis of traditional values, politics, social institutions, etc. It's already happening, and it's called globalisation.

Economic and financial globalisation must be followed by a globalisation of culture and politics, since the concept of a national culture is becoming increasingly irrelevant and national politics increasingly impotent. This is the impulse for the art of philosophy to leave the deconstructionist phase behind, to start making sense of all the rapid changes, to speculate on the shape of the global political order and to give it some credibility. Add to this the ongoing revolution in scientific fields like cosmology, quantum physics and biology: we are entering a new enlightenment, and Big Philosophy is where it is all coming together.

BIG PHILOSOPHY by Alexander Bard

Philosopher, lecturer, author, music composer, producer, pop star and Scandinavia's most successful breeders of trotting horses, Bard is clearly a man of many talents. His first book, *Netocracy*, a meta-historical treatise which argues that historical shifts are determined by major revolutions in information technology, was an international bestseller. After studying the ancient Zoroastrian religion of Iran and India for seven years, Bard became only the second Westerner to convert to Zoroastrianism in 1993.

Zembla

Frost Design gestaltete diese Doppelseite aus dem Magazin *Zembla*. Das große Grundmotiv wurde mit einer Holzletter im Hochdruckverfahren gedruckt, eingescannt und im Offsetverfahren vervielfältigt. Der Text wurde invers auf den schwarzen Hintergrund gedruckt.

Umkehrdruck

Beim Umkehrdruck (inverser Druck) werden Texte oder Bilder auf einen schwarzen (oder dunklen) Hintergrund gedruckt. Der weiße Text bzw. die Abbildung wird praktisch aus dem dunklen Hintergrund „ausgeschnitten".

Druck & Veredelung Hochdruck

Bleisatz

Beim Bleisatzdruck wird mit Bleilettern gedruckt, die zeilenweise gegossen werden.

Der Text wird in eine Maschine eingegeben, die einen Lochstreifen produziert, der wiederum bestimmt, welche Lettern gegossen werden. Mit diesem Verfahren lassen sich große Textmengen relativ preiswert drucken.

Es ist auch möglich, mit Einzellettern zu drucken, die in einen Matrizenrahmen einge-setzt werden. Die Lettern sind dabei getrennt und „beweglich", sodass sie immer wieder verwendet werden können.

Bewegliche Einzelletter.

Setzkasten mit beweglichen Lettern in einer Schriftart.

Bewegliche, fertig gesetzte Lettern im Matrizenrahmen.

Gavin Martin Associates (rechts)

Bleisatzdruck auf dem ungestrichenen Papier weist auf sehr subtile, aber unmissver-ständliche Art und Weise darauf hin, dass die Firma im Druckgewerbe tätig ist. Als Anspielung auf den neuen Firmensitz wurde jede Karte mit einer schmutzigen Teetas-se mit Rändern versehen. Als Impressum dient der Aufdruck „Printed in England using darjeeling. Brewed by NB: Studio".

Kunde: Gavin Martin
Associates
Design: NB: Studio
Technik:
Bleisatzdruck auf ungestriche-
nem Papier mit Teeflecken

Gavin Martin Associates have moved...
Unit 4.05 The Tea Building
56 Shoreditch High Street
London E1 6JJ
T:020 7729 0091 F:020 7729 9872
www.gavinmartin.co.uk

Printed in England using Darjeeling
Brewed by NB Studio

Gavin Martin Associates have moved...
Unit 4.05 The Tea Building
56 Shoreditch High Street
London E1 6JJ
T:020 7729 0091 F:020 7729 9872
www.gavinmartin.co.uk

Printed in England using Darjeeling
Brewed by NB Studio

Gavin Martin Associates have moved...
Unit 4.05 The Tea Building
56 Shoreditch High Street
London E1 6JJ
T:020 7729 0091 F:020 7729 9872
www.gavinmartin.co.uk

Printed in England using Darjeeling
Brewed by NB Studio

Gavin Martin Associates have moved...
Unit 4.05 The Tea Building
56 Shoreditch High Street
London E1 6JJ
T:020 7729 0091 F:020 7729 9872
www.gavinmartin.co.uk

Printed in England using Darjeeling
Brewed by NB Studio

Thermoreliefdruck
Mit diesem chemisch-technischen Druck-verfahren werden leicht erhöhte Buch-staben auf Papier gedruckt.

Nach dem Offsetdruck wird ein Pulver auf das Papier aufgestreut und unter großer Hitzeeinwirkung mit der noch nassen Druckfarbe verbunden. Dabei schmilzt das Pulver, quillt auf und verbindet sich mit der Farbe, wie in der Detailabbildung unten gut zu erkennen ist. Dieses Verfahren ist auch im Hochdruck möglich.

Lisa Pritchard Agency (oben und rechts)
Diese Weihnachtskarte wurde von SEA Design für die Lisa Pritchard Agency gestaltet. Der Text wurde im Thermoreliefdruck aufgebracht, wodurch sich die einzelnen Buchstaben fast „blasenartig" vom Hintergrund abheben und das Licht auf ganz besondere Art und Weise reflektieren.

SEASONS GREET
INGS FROM RICH
ARD BRADBURY/
NICK DALY/IGOR
EMMERICH/LAUR
ENCE HASKELL/N
ANCY HONEY/TO
NY MCGEE

LPA/

Kunde: Lisa Pritchard Agency
Design: SEA Design
Technik:
Erhöhte, unregelmäßige
Buchstaben durch Thermo-
reliefdruck

Taktil

Taktil bedeutet „den Tastsinn betreffend". Viele Designer nutzen Druckverfahren, mit denen sich taktile Ergebnisse erzielen lassen, z.B. Thermoreliefdruck, Siebdruck und Prägedruck.

Druck & Veredelung Thermoreliefdruck

Linoldruck

Zunächst wird ein Linolschnitt hergestellt. Beim Linoldruck wird die Platte dann auf einen Holzblock aufgezogen, mit Druckfarbe bestrichen und gegen den Bedruckstoff gepresst. Die Platte muss für jeden Druckvorgang neu eingefärbt werden. Linoldruck war unter anderem bei Henri Matisse und Pablo Picasso sehr beliebt.

Das gewünschte Motiv wird spiegelbildlich in eine Linoleumplatte geschnitten.
Die Platte ist also eigentlich das Negativ, aus dem das Druckpositiv entsteht.

Paw Prints (rechts)

Dies ist das Cover eines illustrierten Buchs mit dem Titel *Paw Prints,* das vom Designstudio Webb & Webb im Eigenverlag gestaltet wurde. Die roten Streifen auf dem Cover und alle Illustrationen entstanden im Linoldruckverfahren. Der Text wurde im Hochdruckverfahren aufgebracht, und das Cover besteht aus einem Duplexmaterial aus Karton und Vorsatzpapier. Linoldrucke sind einzigartig, weil bei jedem Druckdurchgang die Stärke der Farbschicht und der Anpressdruck variieren.

Kunde: Self Published
Design: Webb & Webb
Technik:
Kombination aus Linolschnitt
und Hochdruck

P A W
PRINTS

A Story by Holly Skeet
Pictures by Chris Brown

Hand & Eye Editions

Druck & Veredelung Linoldruck

Kunde: RSA
Design: Untitled
Technik:
Schwarzer Lack auf schwar-
zem Bedruckstoff ergibt einen
beeindruckenden Effekt

IN PRAISE OF THE SLIPPERY

RSA / ART FOR ARCHITECTURE
ANNUAL EVENT 2003

chaired and introduced from Hugh Pearman,
Chairman, RSA Art for Architecture

Monday 17 November at 6.45pm

Patricia Bickers, editor, Art Monthly
Tim Etchells, artist
Alex de Rijke, architect
Perry Roberts, artist

RSA The Great Room
8 John Adam Street, London WC2

The event will start at 6.45 promptly
with a brief performance by Silvia Ziranek.
Drinks and buffet will be served in the
RSA vaults after the event.

Places are limited, please RSVP by
7 November to alex.lucas@rsa-afa.org.uk

Weiterverarbeitung

**Für die Druckweiterverarbeitung gibt es unterschiedliche Möglich-
keiten, mit denen man Druckprodukte veredeln kann, wie Falzen,
Stanzen, Prägen, Lackieren etc. Mit all diesen Verfahren lassen
sich Standardprodukte optisch aufwerten.**

Beim Veredeln kann man dekorative Elemente verwenden, etwa glänzende Prägefolien, oder Strukturelemente wie Hohl- oder Reliefprägun-
gen. Die Veredelung kann dem Druckprodukt mehr Funktionalität verleihen oder selbst wichtiger Bestandteil des Formats sein. So verändert
etwa eine Stanzung das Druckprodukt dauerhaft, sie beeinflusst seine
Form oder bietet eine Öffnung, die einen Blick auf andere Teile der
Publikation freigibt.

Auch wenn die Druckweiterverarbeitung erst am Ende des Druck-
prozesses steht, sollte man sich möglichst schon in der ersten Design-
und Planungsphase Gedanken darüber machen.

Art for Architecture (links)
Diese Einladung wurde vom Designstudio Untitled für die jährlich stattfindende Veranstaltung Art for Architecture gestaltet, die von der Royal Society of Arts in Großbritan-
nien organisiert wird. Die Einladung wurde mit einem schwarzen Drucklack versehen,
der im Rastermuster auf den schwarzen Bedruckstoff aufgebracht wurde und einen
wirklich eindrucksvollen Effekt ergibt.

Drucklacke

Drucklackierung ist das vollflächige oder partielle Auftragen einer Lackschicht auf ein Druckprodukt. Sie schützt das Produkt vor Abnutzung oder Beschädigung und ermöglicht gestalterische Effekte. Drucklacke gibt es glänzend, matt und seidenmatt. Beim UV-Lack handelt es sich streng genommen nicht um eine Lackierung, doch auch damit lassen sich Druckprodukte dekorativ veredeln.

Ein Drucklack erhöht die Absorption der Farbe und beschleunigt den Trocknungsprozess. Er „versiegelt" die Druckfarbe unter einer Schutzschicht und trägt so dazu bei, dass die Farbe länger hält.

Drucklacke lassen sich „in-line" oder „nass" auftragen. Eine feuchte Lackschicht wird auf eine feuchte Farbschicht aufgebracht, und beide Schichten werden während des Trocknens vom Bedruckstoff absorbiert; der visuelle Effekt des Lacks ist dabei relativ gering. Drucklacke lassen sich auch „off-line" auf die schon trockene Druckfarbe auftragen und werden dann weniger absorbiert. Die Drucklackierung funktioniert auf gestrichenen Bedruckstoffen am besten, weil sie weniger saugfähig sind.

Mit Drucklacken lassen sich unterschiedliche Effekte erzielen, wie aus den Abbildungen oben und auf der nächsten Seite ersichtlich ist.

Oben, von links nach rechts: UV-Spotlack, klarer Lack, Perlmuttlack.

Nächste Seite, von links nach rechts: UV-Spotlack, Folienkaschierung, schwarzer Lack.

Glanzlack

Glanzlack reflektiert das Licht und wird oft verwendet, um das Aussehen von Fotos oder anderen grafischen Elementen in Broschüren aufzuwerten. Die Abbildungen werden dadurch schärfer und satter.

Mattlack

Mattlack wird gerne auf textlastigen Seiten eingesetzt, um das Licht zu streuen, die Blendwirkung zu reduzieren und so die Lesbarkeit zu erhöhen. Die Druckseite erhält dadurch eine glatte, nicht glänzende Oberfläche.

Seidenmattlack

Seidenmattlack liegt in der Wirkung zwischen Glanzlack und Mattlack. Er wirkt betonend, ohne die Seiten stumpf erscheinen zu lassen.

Neutrallack

Bei der Maschinenlackierung wird ein einfacher, fast unsichtbarer Schutzlack aufgetragen, der die Wirkung des Druckprodukts jedoch nicht beeinflusst. Oft wird so die Trocknungsphase von Druckjobs auf matten und seidenmatten Papierqualitäten (z.B. bei Faltblättern) beschleunigt.

UV-Lack

Beim UV-Lack handelt es sich um eine klare Flüssigkeit, die wie eine Druckfarbe aufgetragen und sofort mit UV-Licht getrocknet wird. Die Lackschicht kann glänzend oder matt sein. UV-Lack wird immer häufiger als Spotlack zur Hervorhebung einzelner Elemente eingesetzt, weil er noch besser glänzt als normaler Drucklack.

Vollflächige UV-Lackierung

Mit dieser Art der UV-Lackierung lässt sich eine auffällige Glanzwirkung erzielen.

UV-Spotlackierung

Der UV-Lack wird hier punktuell eingesetzt, um einzelne Elemente optisch und strukturell hervorzuheben. Die Wirkung lässt sich noch steigern, wenn der UV-Lack über eine matte Kaschierung aufgetragen wird.

UV-Strukturlackierung

Mit einem UV-Spotlack lässt sich auch die taktile Qualität eines Druckprodukts verändern, indem z.B. der Effekt von Sandpapier, Leder oder Krokodilleder erzeugt wird.

Perlmuttlack

Ein Lack, der unzählig viele Farben reflektiert und dadurch sehr luxuriös wirkt.

Druck & Veredelung Drucklacke

Kunde: Marsh Mercer
Design: Turnbull Grey
Technik:
Text in Perlmuttlack fördert die
Lesbarkeit

Kunde: E A Shaw
Design: Four Letter Word
Technik:
Raster mit Initialen aus
UV-Spotlack

BE MOVED

E A Shaw (oben)

Diese Broschüre wurde vom Studio Four Letter Word für den Londoner Immobilien-
makler E A Shaw gestaltet. Auf dem Cover sind die Initialen des beworbenen Bau-
projekts (Ingram House) in Form der Kleinbuchstaben „i" und „h" mit einem Spotlack
dargestellt, und zwar rasterförmig vor einem roten Hintergrund. Die Wirkung ist subtil
und auffällig zugleich.

Marsh Mercer (links)

Diese Einladung wurde vom Designstudio Turnbull Grey für den Risikospezialisten
Marsh Mercer gestaltet. Der Text in Perlmuttlack ist nur lesbar, wenn das Licht in
einem bestimmten Winkel reflektiert wird. Zur besseren Lesbarkeit sind die wichtigsten Textelemente in einer großen Egyptienne gedruckt.

Druck & Veredelung Drucklacke

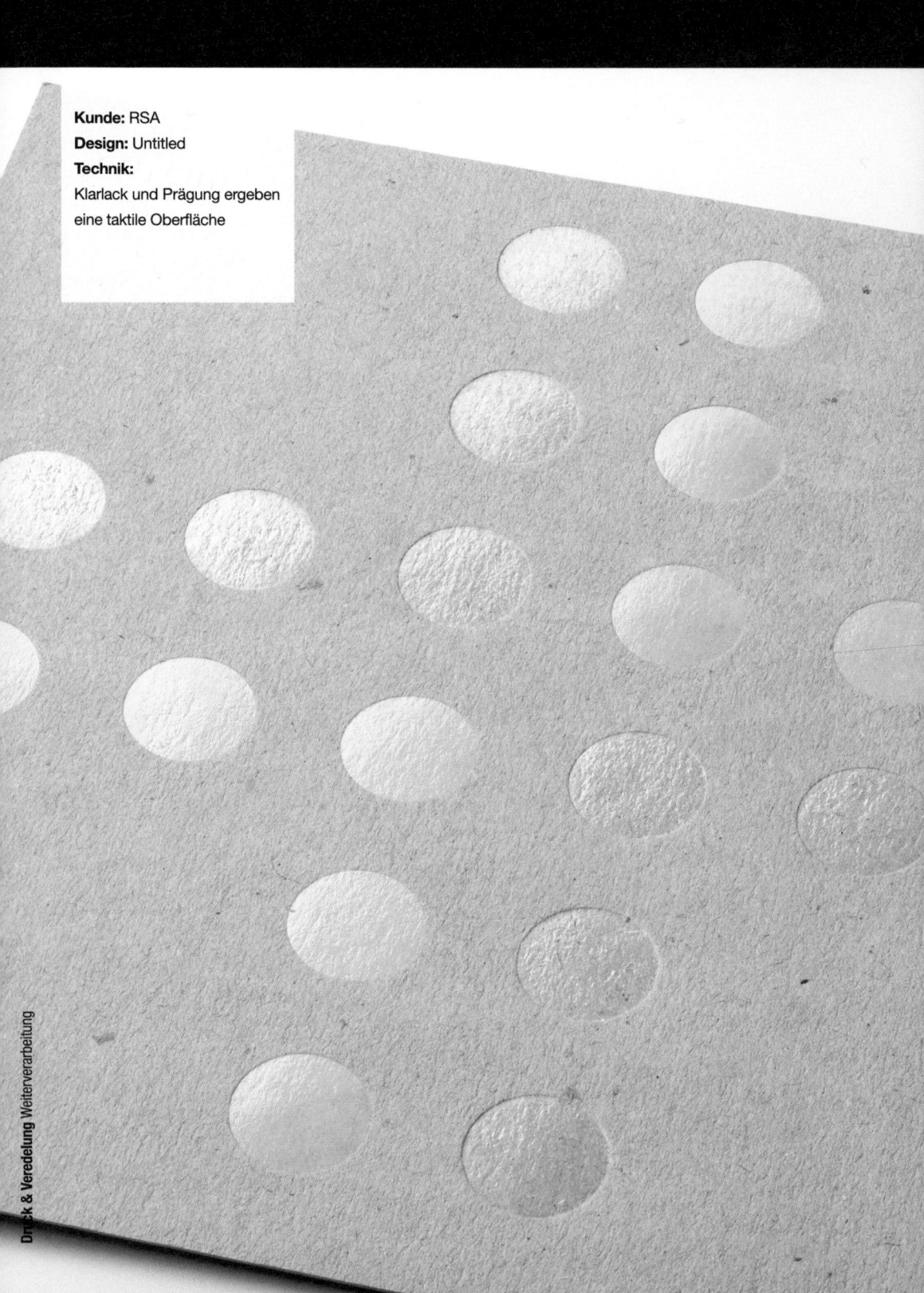

Kunde: RSA
Design: Untitled
Technik:
Klarlack und Prägung ergeben
eine taktile Oberfläche

Parent (rechts)

Bei dieser Visitenkarte des Designstudios Parent wurde ein UV-Lack auf Plike aufgetragen, einem kunststoffähnlichen Papier. Der Lack reflektiert das Licht und betont die feinen Umrisse des Textes: „Parent design for web print & brand identity".

Outside (links)

Diese Einladung wurde vom Designstudio Untitled für die Royal Society of the Arts gestaltet. Das Muster wurde per Siebdruck auf Graupappe gedruckt, geprägt und mit einem Klarlack überzogen. Der Lack verstärkt die Wirkung des Siebdrucks und betont die raue, taktile Struktur der Pappe.

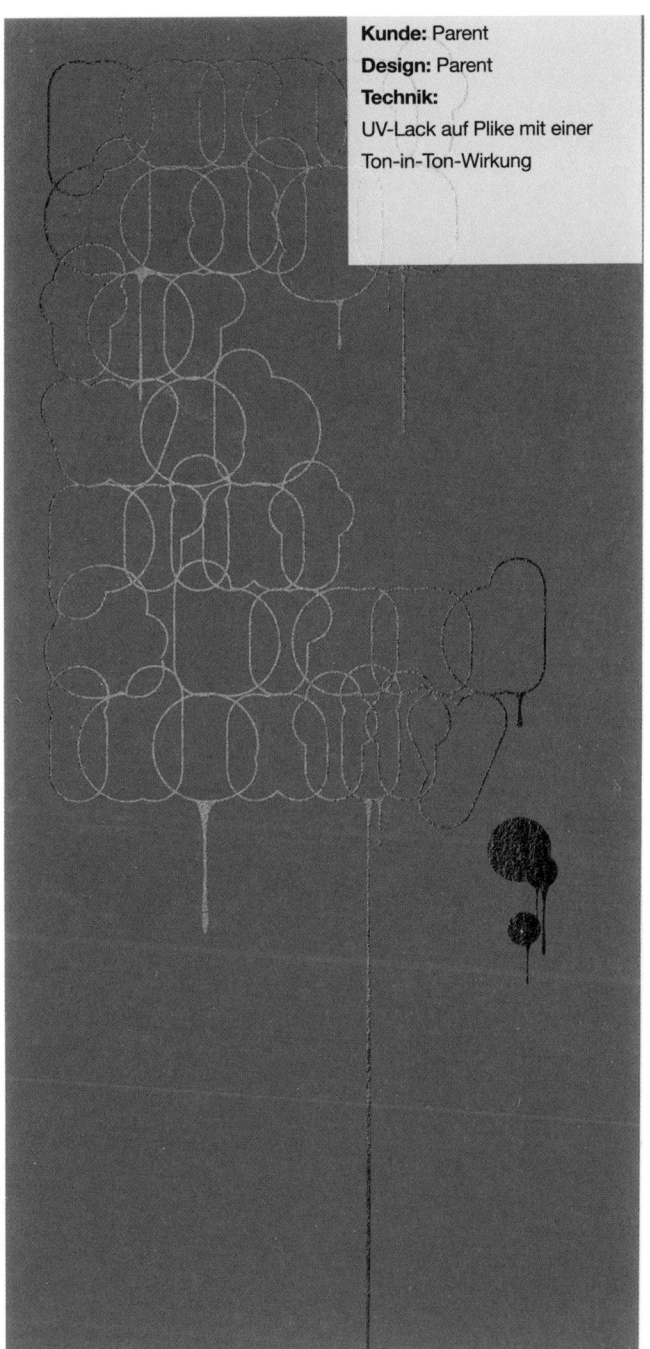

Kunde: Parent
Design: Parent
Technik:
UV-Lack auf Plike mit einer Ton-in-Ton-Wirkung

Druck & Veredelung Drucklacke

Kaschieren

Beim Kaschieren wird auf beide Seiten des Bedruckstoffs eine dünne Schutzschicht aufgetragen. Das Druckprodukt erhält Glanz, wird stabiler und gegen Feuchtigkeit bzw. andere Beschädigungen geschützt. Durch Kaschieren kann man Dokumente auch wasser- und reißfest machen sowie gegen Manipulationen sichern.

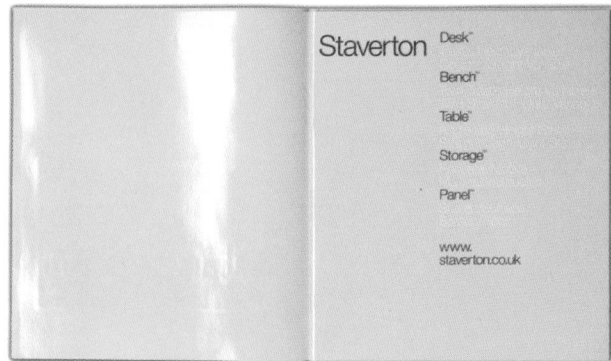

Staverton

Diese Broschüre wurde von SEA Design für den Büromöbelhersteller Staverton gestaltet. Den Glanz erhält sie durch die Kaschierung. Unten ist ein eindrucksvoller vierseitiger Fensterfalz der Broschüre zu sehen.

Kunde: Staverton
Design: SEA Design
Technik:
Glanzeffekt und Schutz durch
Kaschierung

Stanzen

Als Stanzen wird das Ausschneiden von Formteilen aus dem Bedruckstoff bezeichnet. Stanzungen werden für dekorative Zwecke verwendet und um die optische Wirkung des Druckprodukts zu steigern.

Daneben können Stanzungen auch funktionelle Aufgaben erfüllen, z.B. als Öffnungen, durch die der Betrachter in ein Druckwerk hinein- oder hindurchsehen kann.

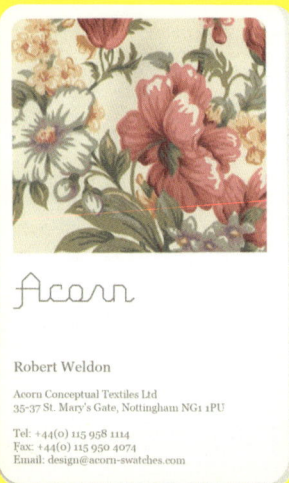

Die Karten (links) gehören zum Acorn-Projekt, das auf der nächsten Seite vorgestellt wird. Das Blumenmotiv ist jeweils gleich, doch bei den Karten wurden die Ecken rund gestanzt, um eine weichere Optik zu erzielen und die Rundungen des „A" im Hauptmotiv nachzuahmen.

Acorn (oben und rechts)

Das Design wurde vom Studio Output für die Textilfirma Acorn entwickelt. Eine Stanzung in Form eines „A" (für Acorn) im Cover erlaubt einen Blick in das Innere. Die durch die Öffnung sichtbaren Farben verleihen dem Druckwerk Tiefe und Struktur. Die Stanzung spiegelt das Pflanzenmotiv dadurch wider, dass der Querbalken des „A" wie ein kleiner Zweig mit Blättern gestaltet ist. Der Umriss der Karten wirkt durch die rund gestanzten Ecken weicher.

Kunde: Acorn
Design: Studio Output
Technik:
Gestanztes Cover, gestanzte
Ecken, durchgängiges
Blumenmotiv

Kunde: British Council
Design: Studio Myerscough
Technik:
Stanzung gibt dem Druckwerk
seine Form

Nine Positions (oben)

Studio Myerscough gestaltete diese Broschüre für die Ausstellung Nine Positions, die Peter Cook für die neunte Architektur-Biennale in Venedig organisierte. Das gesamte Druckwerk wurde so gestanzt, dass es dem Schaft der gelben Zahl 9 entspricht, die in einer Schablonenschrift auf das Cover aus Graupappe gedruckt ist.

Museon (rechts)

Diese Grußkarte, die das holländische Museon an seine Angestellten verschickte, wurde vom Designstudio Faydherbe/De Vringer gestaltet. Durch die runde Stanzung sieht man eine Münze im Innern der Karte, die anlässlich des 750. Geburtstags der Stadt Den Haag herausgegeben wurde und ein Abbild des Museums zeigt. Entfernt man die Münze, sieht man das Logo des Museums.

Kunde: Museon
Design:
Faydherbe/De Vringer
Technik:
Stanzung vom Firmenlogo
inspiriert

MUSEON

Falzen
Unterschiedliche Falzmethoden erzeugen unterschiedliche Effekte, Funktionalitäten und Organisationsmöglichkeiten.

Talfalte

Bergfalte

Tal- und Bergfalten (oben) wurden nach den geografischen Gegebenheiten benannt, denen sie ähneln. Beide haben einen Mittelfalz. Kombiniert ergeben sie viele verschiedene Falzvarianten (vgl. S. 166).

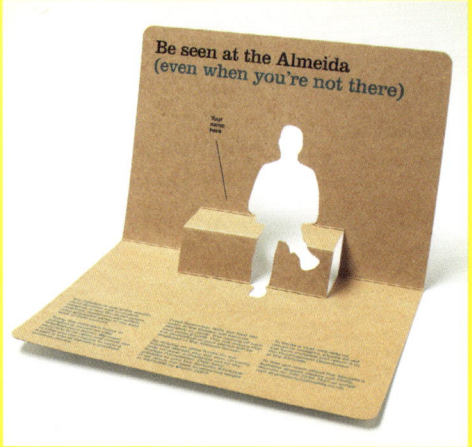

Almeida Theatre von NB: Studio
Bei der Einladung für das Almeida Theatre verlaufen zwei Stanzungen senkrecht zur Bergfalte. Diese Falzart bezeichnet man als Parallelfalz. In diesem Fall entsteht so ein Sitz für die ausgestanzte Figur.

Levi's Music Job Club von KesselsKramer
Diese Broschüre für die Modemarke Levi's enthält ein Plakat, das mit mehreren Berg- und Talfalten zusammengefaltet wurde.

Kunde: Arnolfini

Design: Thirteen

Technik:

Unregelmäßige Diagonalfalten
führen zu einem dreidimensio-
nalen Objekt

Arnolfini (oben)

Das Designstudio Thirteen gestaltete diese Broschüre für die Wiedereröffnung der
Arnolfini Gallery in Bristol, die wegen Umbauarbeiten 18 Monate lang geschlossen
war. Die Broschüre besteht aus einem einzelnen Blatt Papier der Sorte Think4 und
wurde im Vierfarbdruck bedruckt. Die Berg- und Talfalten verlaufen unregelmäßig,
wodurch ein dreidimensionales Objekt entsteht.

Druck & Veredelung Falzen

Faltblätter

Ein Faltblatt ist ein in eine Publikation eingebundenes großformatigeres Blatt, auf dem ein besonderes Bild oder ein anderes visuelles Element präsentiert wird.

Ein Faltblatt wird geöffnet, indem man es horizontal auseinander zieht. Es ist im gefalteten Zustand etwas kleiner als das Standardformat, damit es gut in das Werk passt. Faltblätter können auch vertikal geöffnet werden, wie unten rechts gezeigt.

Links: Horizontales Faltblatt; die rechte Seite ist eine nach innen gefaltete Doppelseite. Teil B der Seite muss etwas schmaler sein als Teil A, damit er sich gut einfalten lässt. Teil A ist ebenfalls etwas schmaler als das Standardformat, damit das Faltblatt beim Binden und Schneiden nicht beschädigt wird.

Kunde: Blueprint Magazine
Design: George & Vera
Technik:
Doppelseitiges Faltblatt

Blueprint Magazine

Diese Beilage wurde vom Designstudio George & Vera für das *Blueprint Magazine* gestaltet. Sie zeigt Werke von Künstlern aus unterschiedlichen Bereichen, z.B. das Beschilderungssystem von Margaret Calvert für die britischen Autobahnen, das Schriftdesign Yellow Pages von David Quay und Freda Sack, sowie das iPod-Design von Jonathan Ive. Die Beilage enthält ein doppelseitiges Faltblatt.

Druck & Veredelung Faltblätter

Fensterfalz

Bei einem Fensterfalz wird ein Bogen so gefaltet, dass die Seitenpaneele mit zwei Parallelfalzen nach innen geklappt werden und sich im Buchrücken treffen.

Im Beispiel unten sind die inneren Seiten (B) genauso groß wie das Standardformat, die äußeren Seiten (A) aber ein wenig schmaler, sodass sie sich bequem einfalten lassen.

Fensterfalze werden oft in Zeitschriften verwendet, um einer wichtigen Abbildung Raum zu verschaffen und Panorama-Ansichten zu zeigen.

Kunde: Kunst en Bedrijf
Design:
Faydherbe/De Vringer
Technik:
Fensterfalze eignen sich für
Abbildungen besser als das
Standardformat

Ganz unten ist die ausgefaltete
Variante der oben gezeigten
Doppelseite zu sehen. Die äußeren Paneele sind dabei etwas
schmaler als die inneren, damit
sie sich gut einfalten lassen.

Kunst en Bedrijf

Diese Werbebroschüre wurde vom Designstudio Faydherbe/De Vringer für die Organisation Kunst en Bedrijf gestaltet, die als Vermittler zwischen Künstlern und Firmen
(oder Schulen) tätig ist, die Kunstwerke in Auftrag geben möchten. Sie zeigt ein Projekt der Firma und enthält eine Doppelseite mit Fensterfalz, die einen viel besseren
optischen Eindruck vermittelt, als es mit dem Standardformat möglich gewesen wäre.

Kreuzbruchfalz

Bei einem Kreuzbruchfalz wird der einseitig bedruckte Bogen senkrecht und waagrecht gefaltet, sodass sich im unbeschnittenen Zustand vier Seiten ergeben.

Seiten mit Kreuzbruchfalz lassen sich in ein Druckwerk einbinden (wie unten gezeigt) und wirken dadurch sehr bedeutsam. Sie werden so in den Buchrücken eingeheftet, dass die vordere und die obere Kante geschlossen bleiben. Die obere Kante (A) wird dann während des Bindens beschnitten, die geschlossene Vorderkante bleibt bestehen. Die Innenseiten können bedruckt werden.

Dieser Standard-Kreuzbruchfalz ergibt acht Seiten

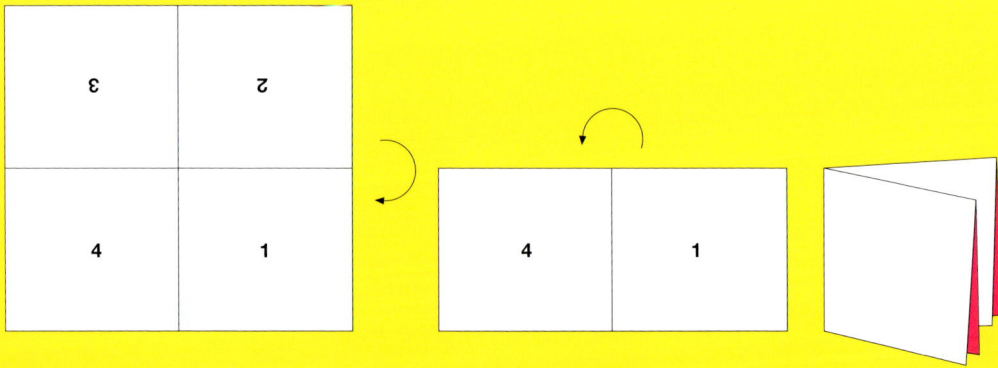

Einige Papiersorten sind für Kreuzbruchfalze nicht geeignet, etwa schwere oder gestrichene Qualitäten, die beim Falzen an der Vorderkante leicht brechen würden. Diese Broschüre wurde vom Designstudio North gestaltet. Der Text wurde auf die Innenseiten der Kreuzbruchfalze gedruckt. Das Bibeldruckpapier reißt nicht beim Falzen und liegt flach auf.

Kunde: Sweeps

Design: Studio Myerscough

Technik:

Durch die Kreuzbruchfalze sind
die Seiten doppelt stark

Sweeps

Diese Immobilienbroschüre wurde vom Studio Myerscough für das Projekt Sweeps Building im Londoner Bezirk Clerkenwell gestaltet. Die Seiten mit Kreuzbruchfalz werten die Broschüre optisch auf.

Dieser Kreuzbruchfalz in Klebebindung ergibt Seiten mit Innenleben.

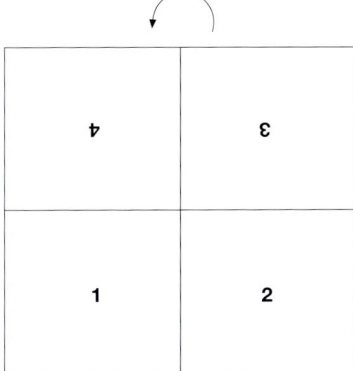

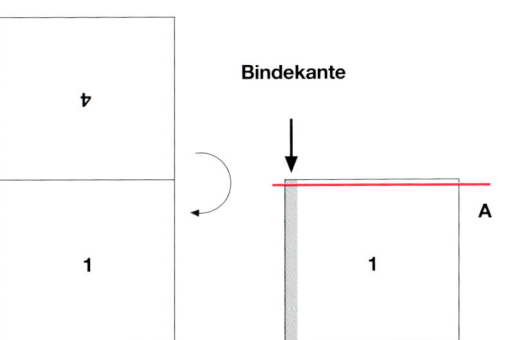

Leporellofalz

Ein Leporellofalz (auch Zickzack- oder Akkordeonfalz) hat zwei oder mehr Parallelbrüche, die gegenläufig gefaltet werden. So lassen sich die Seiten auf ein relativ kleines Format zusammenfalten.

Ein Leporellofalz lässt sich von beiden Seiten her oder auch an jedem beliebigen Punkt in der Mitte öffnen. Der Inhalt muss deshalb so gestaltet sein, dass er in allen Lagen Sinn ergibt.

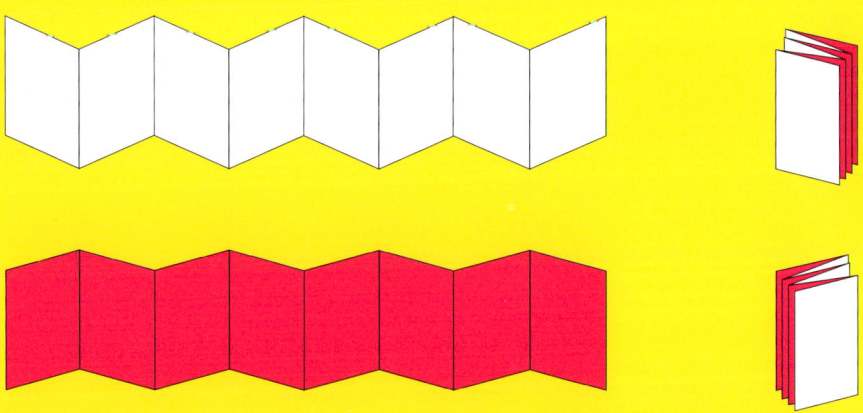

Diese Illustration zeigt die abwechselnden Berg- und Talfalten einer Leporellofalzung. Man sieht auch, wie klein die Publikation im gefalteten Zustand ist.

Druck & Veredelung Weiterverarbeitung

John Robertson Architects (rechts)

Mit dieser vom Designer Gavin Ambrose für das Architekturbüro John Robertson gestalteten Karte wird die Änderung des Firmennamens bekannt gegeben. Das zwölfseitige Druckwerk ist als Leporello gestaltet und erhält so seine typische Struktur. Auf den matt kaschierten Text aus einer silbernen Druckfarbe mit Metallic-Effekt wurde ein UV-Spotlack aufgebracht.

Kunde: John Robertson
Architects
Design: Gavin Ambrose
Technik:
Leporellofalz ergibt
besondere Struktur

John
Robertson
Architects

Wickelfalz
Ein Wickelfalz besteht aus einer Reihe von parallelen Talfalten, die ineinander gefaltet werden.

Beim Ausfalten eines Wickelfalzes präsentiert sich der Inhalt sehr langsam Seite für Seite. Der Falz erhöht also die Spannung. Bei einem umfangreichen Dokument oder einem sehr stabilen Bedruckstoff müssen die einzelnen Seiten stufenweise etwas größer ausfallen, damit sie sich bequem einfalten lassen.

Wie beim Leporellofalz muss der Inhalt auch hier so gestaltet sein, dass die Seiten einzeln und als Ganzes einen Sinn ergeben. Wickelfalze eignen sich besonders gut für friesartige Abbildungen, wie das ausgefaltete Beispiel unten zeigt.

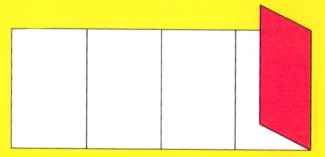 

Das Druckwerk besteht aus einem Papierstreifen, der mit mehreren Talfalten in einzelne Seiten gefaltet wird.

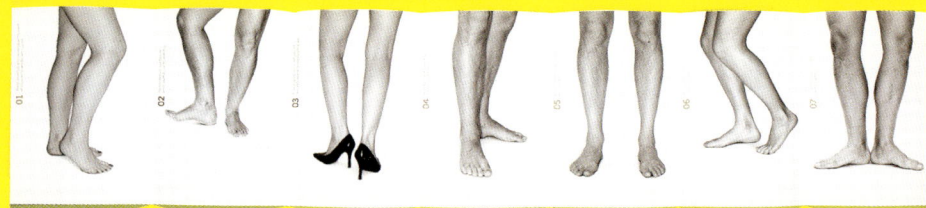

Weihnachtskarte
Diese Karte des Designstudios Turnbull Ripley spielt auf den britischen Weihnachtsbrauch der „Christmas stockings" an. Gezeigt werden sieben Schwarzweißfotos von Beinen. Durch den Wickelfalz sind anfangs nur die goldfarbenen Außenseiten sichtbar. Um den Inhalt betrachten zu können, muss der Leser die Karte wie einen Strumpf aufrollen.

Kunde: Self published
Design: Turnbull Ripley
Technik:
Wickelfalz verbirgt den Inhalt

TURNBULL
RIPLEY
DESIGN
LEGENDS

12 Stocking fillers from Turnbull Ripley

12 Stocking fillers from Turnbull Ripley

Relief- und Hohlprägung

Relief- und Hohlprägungen werden mit Druckfarbe oder Folie vorgenommen. Sie ergeben eine dekorative, dreidimensionale Struktur und betonen bestimmte Elemente eines Designs. Schwere Papiersorten eignen sich für Prägungen am besten.

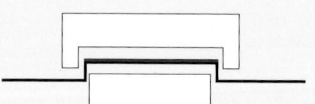

Reliefprägen
Mit Druckfarbe oder Folie wird ein erhöhter Abdruck erzeugt.

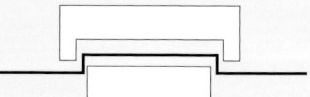

Relief-Blindprägen
Ein erhöhter Abdruck entsteht ohne Druckfarbe oder Folie.

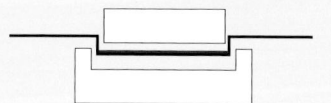

Hohlprägen
Mit Druckfarbe oder Folie wird ein vertiefter Abdruck erzeugt.

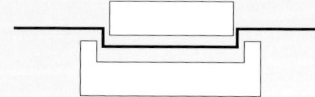

Hohl-Blindprägen
Ein vertiefter Abdruck entsteht ohne Druckfarbe oder Folie.

30/30 Vision (rechts)

Das Designstudio Turnbull Grey gestaltete das Cover mit dem abstrakten Blumenmuster im Prägedruck für die Veranstaltung 30/30 Vision: Creative Journeys in Contemporary Craft, die vom britischen Crafts Council organisiert wurde.

Druck & Veredelung Weiterverarbeitung

Kunde: Crafts Council
Design: Turnbull Grey
Technical overview:
Abstraktes Muster aus hohl-
geprägten Kreisen

Kunde: Niederländisches
Ministerium für Gesundheit,
Wohlfahrt und Sport
Design:
Faydherbe/De Vringer
Technik:
Prägeschrift mit UV-Lack

Zorg van betekenis (oben)

Die Broschüre mit dem Titel *Zorg van betekenis* wurde von Faydherbe/De Vringer für
das niederländische Ministerium für Gesundheit, Wohlfahrt und Sport gestaltet. Sie
zeigt eine Retrospektive über zehn Jahre Qualitätsmanagement und gibt einen Aus-
blick in die Zukunft.

Das Design wurde von der Ausweiskarte inspiriert, die jeder besitzen muss, der sich
in einem holländischen Krankenhaus behandeln lassen möchte. Der Prägetext auf
dem Cover wurde mit einem UV-Lack überzogen. Die orangefarbenen Buchstaben
enthalten einen geringen Blauanteil, damit sie besser mit dem weißen Hintergrund
kontrastieren.

Crafts Council (rechts)

Dies ist das Cover eines Kalenders, der vom Designstudio Turnbull Grey für den britischen Crafts Council gestaltet wurde. Es zeigt eine tiefe Prägung in ein Flockmaterial,
bei der die Buchstaben durch einen Prägefoliendruck in Silber ergänzt wurden.

Kunde: Crafts Council
Design: Turnbull Grey
Technik:
Hohlprägung in Flockmaterial
mit Buchstaben im Präge-
foliendruck

Prägefoliendruck

Beim Prägefoliendruck wird eine farbige Folie mithilfe eines erhitzten Stempels auf den Bedruckstoff gepresst. Bei der Folie selbst handelt es sich um einen dünnen Polyesterfilm, der ein Trockenpigment enthält. Dieses Verfahren wird auch als Folienprägedruck bezeichnet.

Flachprägung

Auch Planprägung genannt. Hierbei erzeugt ein Flachstempel einen leicht erhöhten Abdruck, hinterlässt aber auf der Rückseite des Bedruckstoffs keine Vertiefungen.

Strukturprägung

Unterschiedliche Prägeebenen und -strukturen ergeben sehr elegante Formen. Diese Art der Prägung ist sehr auffällig, aber auch relativ teuer.

Maddison Business Systems (oben und rechts)

Diese Details stammen aus der Einleitungsseite einer Broschüre, die vom Design-studio Turnbull Grey für die Firma Maddison Business Systems gestaltet wurde. Das blaue Papier wurde im Prägefoliendruck mit Text bedruckt, wodurch die hohe Qualität der Publikation zusätzlich unterstrichen wird.

Kunde: Maddison
Business Systems
Design: Turnbull Grey
Technik:
Prägefoliendruck auf blauem
Papier wirkt sehr hochwertig

Kunde: Iniva

Design: Untitled

Technik:
Prägedruck mit Silberfolie
auf Kunststoff

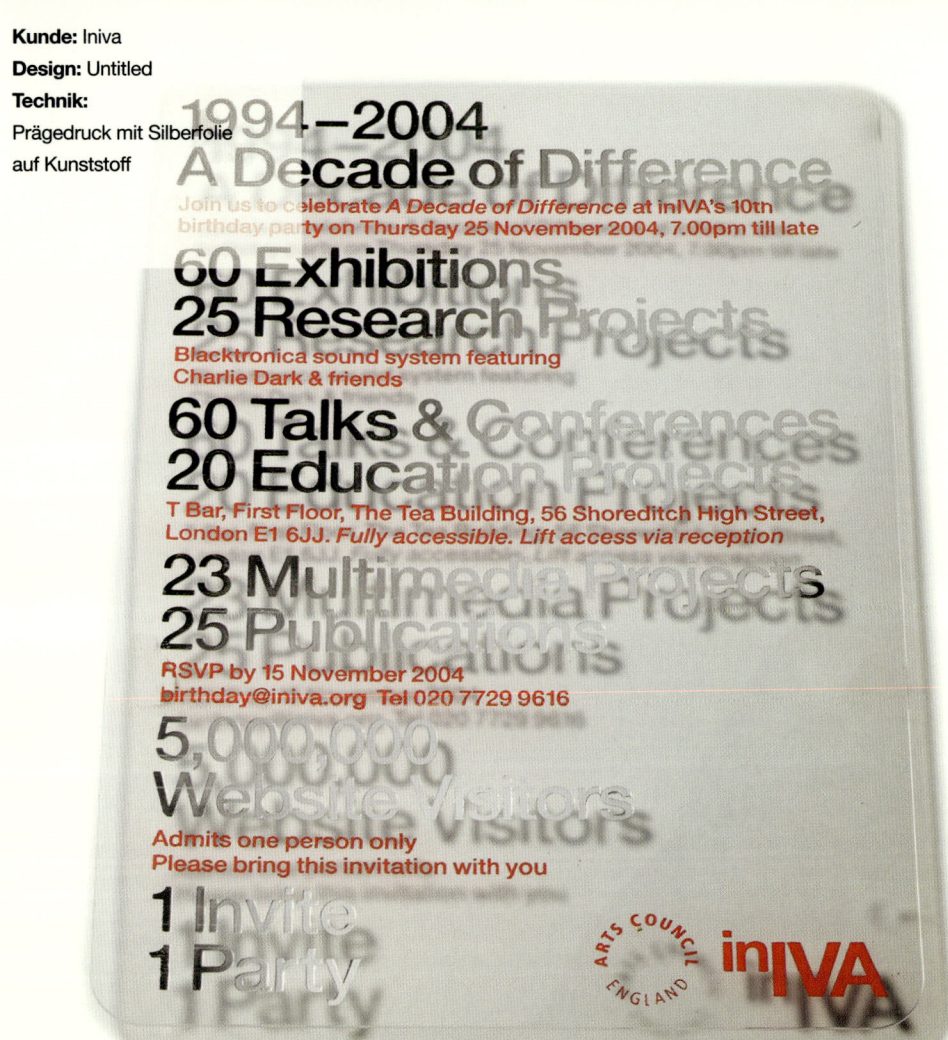

1994–2004
A Decade of Difference

Join us to celebrate *A Decade of Difference* at inIVA's 10th
birthday party on Thursday 25 November 2004, 7.00pm till late

60 Exhibitions
25 Research Projects

Blacktronica sound system featuring
Charlie Dark & friends

60 Talks & Conferences
20 Education Projects

T Bar, First Floor, The Tea Building, 56 Shoreditch High Street,
London E1 6JJ. *Fully accessible. Lift access via reception*

23 Multimedia Projects
25 Publications

RSVP by 15 November 2004
birthday@iniva.org Tel 020 7729 9616

5,000,000
Website Visitors

Admits one person only
Please bring this invitation with you

1 Invite
1 Party

ARTS COUNCIL ENGLAND

inIVA

A Decade of Difference (oben)

Bei der Einladung von Untitled für die Londoner Kunstagentur Iniva wurde der Text im
Prägedruck mit Silberfolie bzw. in roter Druckfarbe auf ein durchsichtiges Kunststoff-
material aufgebracht. Je nach Betrachtungswinkel verschwindet ein Teil des Textes.

Future Face (rechts)

Dies ist das Cover zum Buch *Future Face* von Sandra Kemp, das vom Studio
Myerscough für den Verlag Profile Books gestaltet wurde. Der Buchtitel ist im Prägedruck mit Silberfolie, in großen Lettern und einer sehr modern wirkenden Schrift aufgedruckt. Der Effekt ist ausgesprochen futuristisch.

Druck & Veredelung Weiterverarbeitung

Kunde: Profile Books
Design: Studio Myerscough
Technik:
Prägedruck mit Silberfolie
erzeugt einen futuristischen
Effekt

future
face

image
identity
innovation
sandra
kemp

AWARDS CEREMONY 2004

Kunde: University of the Arts, London
Design: Turnbull Grey
Technik:
Prägedruck mit Silberfolie auf mattfarbenem Papier wirkt sehr modern

Preisverleihung

Dieses Cover im Silberfolien-Prägedruck wurde vom Designstudio Turnbull Grey für eine Preisverleihung an der Londoner University of the Arts gestaltet. Das mattfarbene Papier und die serifenlose Silberschrift wirken besonders modern.

Druck & Veredelung Prägefoliendruck

Büttenrand

Als Büttenrand bezeichnet man die ausgefranste Kante des Papiers, wenn es aus der Produktion kommt. Industriell gefertigtes Papier hat zwei Büttenränder, handgeschöpftes Papier vier. Mit einem Büttenrand lassen sich dekorative Effekte erzielen, die sich aber auch imitieren lassen, wenn man Papierkanten per Hand abreißt, wie beim Beispiel auf der nächsten Seite.

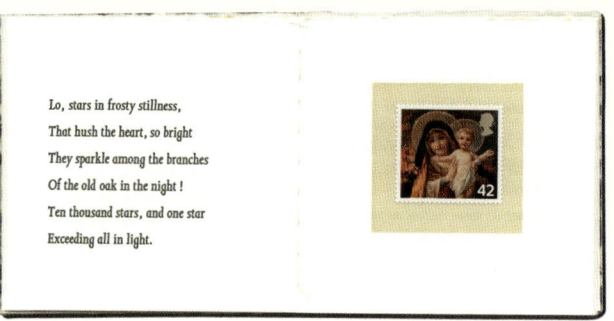

Lo, stars in frosty stillness,
That hush the heart, so bright
They sparkle among the branches
Of the old oak in the night !
Ten thousand stars, and one star
Exceeding all in light.

42

Diese Doppelseite stammt aus dem Buch *The Wonder Night,* das Weihnachtsbriefmarken der Designerin Irene von Treskow zeigt.

The Wonder Night (oben und rechts)

Dieses in limitierter Auflage handgefertigte Buch mit Weihnachtsbriefmarken wurde vom Designstudio Webb & Webb für die britische Post gestaltet. Es zeigt Briefmarken der Designerin Irene von Treskow sowie Szenen aus *The Wonder Night,* einem Gedicht von Laurence Binyon.

Die Seiten haben einen nachempfundenen horizontalen Büttenrand, der entstand, indem die Papierkanten per Hand abgerissen wurden. Die Handarbeit, in der das Buch entstand, wird dadurch zusätzlich betont.

Kunde: Britische Post
Design: Webb & Webb
Technik:
Imitation eines Büttenrands

The Wonder Night

Farbschnitt

Beim Farbschnitt werden mittels eines besonderen Verfahrens die Außenkanten des Buchblocks bedruckt. Die Ursprünge liegen beim Vergolden, das früher eingesetzt wurde, um die Seiten eines Buches zu schützen. Heute verwendet man den Farbschnitt für dekorative Effekte.

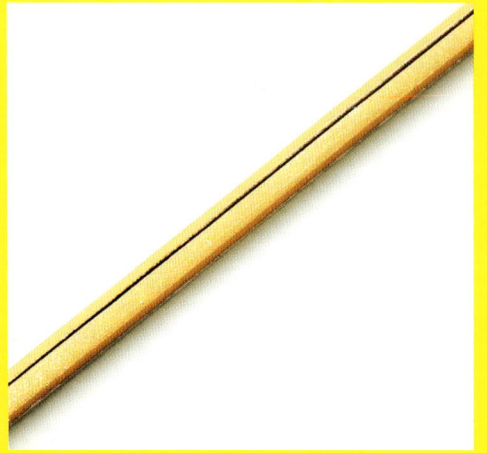

Dieser Farbschnitt mit Blattgold stammt aus einer Publikation des Designstudios dixonbaxi.

Der schwarze Farbschnitt wurde vom Studio Myerscough für Black Dog Publishing gestaltet. Er schafft eine Verbindung zwischen Seiten und Cover. Auf den ersten Blick entsteht ein homogenes Objekt.

White Book (rechts)

Dieses *White Book* wurde von SEA Design für den Papierhersteller GF Smith gestaltet und enthält Details über die aktuelle Corporate Identity der Firma. Der Farbschnitt in Silber reflektiert beim Blättern das Licht und ergänzt den silberfarbenen Text. Wie auf dem Cover zu sehen, enthält das Buch kreative Fotos von Kunstwerken aus Tinte.

Kunde: GF Smith
Design: SEA Design
Technik:
Farbschnitt in Silber reflektiert
das Licht

Vorsatzblätter

Unter Vorsatzblättern versteht man die schweren Seiten aus Kartuschenpapier, die in Büchern mit Festeinband den Buchblock mit dem Einband verbinden.

Auch Vorsatzblätter lassen sich für dekorative Zwecke nutzen, da sie oft ein eigenes Design oder Motiv haben bzw. farbig sind.

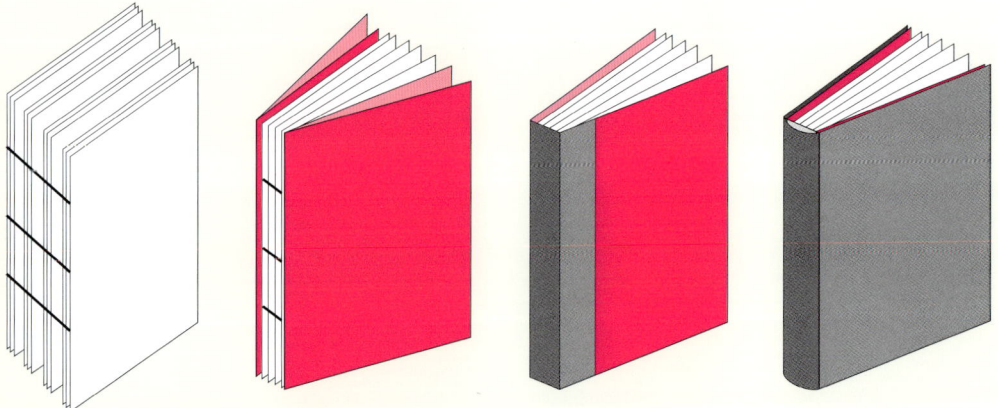

Nach dem Kollationieren des Buchblocks werden die Vorsatzblätter hinzugefügt. Die Blätter aus Kartuschenpapier werden einmal gefaltet und verklebt. Ein Vorsatzblatt wird vorne am Buchblock befestigt, das andere hinten. Anschließend wird der Buchdeckel mit den Vorsatzblättern verklebt.

Vorsatzblätter verleihen einem Buch eine gewisse Struktur, weil sie sich vom restlichen Papier abheben.
Links: Das leuchtend orangefarbene Vorsatzblatt kontrastiert mit dem weißen Buchblock.
Rechts: Im Siebdruckverfahren bedruckte Vorsatzblätter halten den Buchblock zusammen.

Kunde: Diesel
Design: Vasava
Technik:
Vorsatzblätter mit dekorativem Design

"It's not my company, it's my life"

In 1985 Renzo Rosso bought out his business partner, gaining full ownership of the brand that he felt had an astronomical future: Diesel. The result was like striking oil. For 20 years and beyond, Renzo has remained immersed in the company, while pumping his singular vision across the globe.

Fifty

Das Buch *Fifty* wurde vom spanischen Designstudio Vasava für das Modelabel Diesel gestaltet. Die Vorsatzblätter zeigen ein Muster, das aus der Zahl „50" geformt ist und perfekt zum Inhalt des Buchs passt.

Perforieren

Beim Perforieren erleichtern kleine Einschnitte im Bedruckstoff das Abreißen eines bestimmten Abschnitts.

Perforationen entstehen mit kleinen Stanzklingen, die so geformt sein können, dass ein bestimmtes Muster entsteht. Der hervorstehende Teil der Klinge durchschneidet das Papier, der andere Teil nicht.

Werbe-Faltblatt (oben und rechts)

Das perforierte Faltblatt stammt vom Designstudio George & Vera. Es ist an einer Kante verklebt, kann also direkt per Post verschickt werden, ohne dass ein gesonderter Umschlag nötig wäre. Der außen aufgedruckte Text erklärt in einfachen Worten, wie man die im Innern vorgestellten Arbeiten des Studios ansehen kann.

Kunde: George & Vera
Design: George & Vera
Technik:
Perforiertes Faltblatt für
Mailing-Aktion

Tear perforation to open.

& Veredelung Perforieren

Kunde: Persistence Works
Design: Rocca Creative
Technik:
Kombination aus Raster- und
Vektorgrafiken

Open Studios

Friday 25 November 11am-4pm and special evening event with live music and refreshments from 6pm-9pm.
Saturday 26 November 11am-5pm with copper beating workshops.

More information:
Yorkshire ArtSpace Society
Persistence Works
21 Brown Street
Sheffield
S1 2BS

t: 0114 276 1769
e: info@artspace.co.uk
w: www.artspace.org.uk

Produktion

**Die modernen Produktionsverfahren im Grafikdesign und Druck-
gewerbe lassen sich auf vielfältige Art und Weise für kreative End-
produkte nutzen. Man kann z.B. Farbkanäle und Druckplatten
manipulieren, im Über- oder Umkehrdruck arbeiten, oder auch die
Druckabfolge der Prozessfarben ändern. Die Wirkung und das
kreative Potenzial eines Designs lassen sich steigern, wenn man
selbst den kreativen Prozess kontrolliert anstatt sich ihm zu unter-
werfen. Auf den folgenden Seiten finden Sie einige Beispiele dafür.**

Dieses Kapitel wurde mit Metallicfarbe (Pantone 8062) und oranger
Leuchtfarbe (Pantone 811) gedruckt, um den großen Unterschied zu
verdeutlichen, den Sonderfarben ausmachen können.

Die Grundfarbe dieser Doppelseite ist ebenfalls eine Sonderfarbe,
eine feine Pastellfarbe (Pantone 9101). Sie wurde auch auf den Seiten
98–99, 102–103 und 106–107 verwendet. Die schwarze Druckfarbe
auf dieser Seite wurde über die Grundfarbe gedruckt, um Trapping-
Probleme zu vermeiden.

Die Abbildung auf der gegenüber liegenden Seite wurde aus der Hintergrundfarbe ausgespart, sodass die weißen Bereiche gut mit der
Farbumgebung kontrastieren können. Die Farbflächen wurden außerdem als Farbverlauf gestaltet, angefangen bei 100% am unteren Sei-
tenrand bis hin zu 0% ganz oben.

Open Studios (links)
Dieses Plakat wurde vom Designstudio Rocca Creative für den Tag der offenen Tür
bei Persistence Works gestaltet, einem Veranstaltungsort, der speziell für die Yorkshire ArtSpace Society errichtet wurde. Das Plakat zeigt ein Bild des Gebäudes, das
eine Kombination aus Raster- und Vektorgrafiken ist, und betont dadurch die Verbindung zwischen dem Gebäude und der Kunst, die darin geschaffen wird.

Bitmaps und Vektorgrafiken
Man unterscheidet heute zwei Bildformate: Bitmaps (Rastergrafiken) für Fotos und Vektorgrafiken für Illustrationen.

Dieses Bild einer Schwimmerin (links) ist ein Bitmapbild, das in diesem Format scharf aussieht und Fotoqualität hat. Bitmaps sind allerdings nicht skalierbar, da sie eine feste Auflösung haben. Bei einer Vergrößerung kommt es daher zur so genannten Pixelierung (A), also einer Bildverzerrung.

Bitmaps lassen sich in Vektorgrafiken umwandeln, um grafische Effekte zu erzielen. Das Bild auf der gegenüber liegenden Seite wäre stark vergrößert als Vektorgrafik erkennbar scharf (B).

Man sollte immer bedenken, dass ein Bitmapbild von schlechter Qualität nicht genügend Farbinformationen enthält, als dass es gut reproduziert werden könnte. Bitmaps werden nur für kreative Zwecke in Vektorgrafiken umgewandelt, nicht um Auflösungsprobleme zu umgehen.

A

B

Bei der Vergrößerung eines Bitmapbilds kommt es zur Pixelierung, d.h. Details und Schärfe gehen verloren.

Hier eine Vergrößerung des Bilds auf der gegenüberliegenden Seite um 350%.

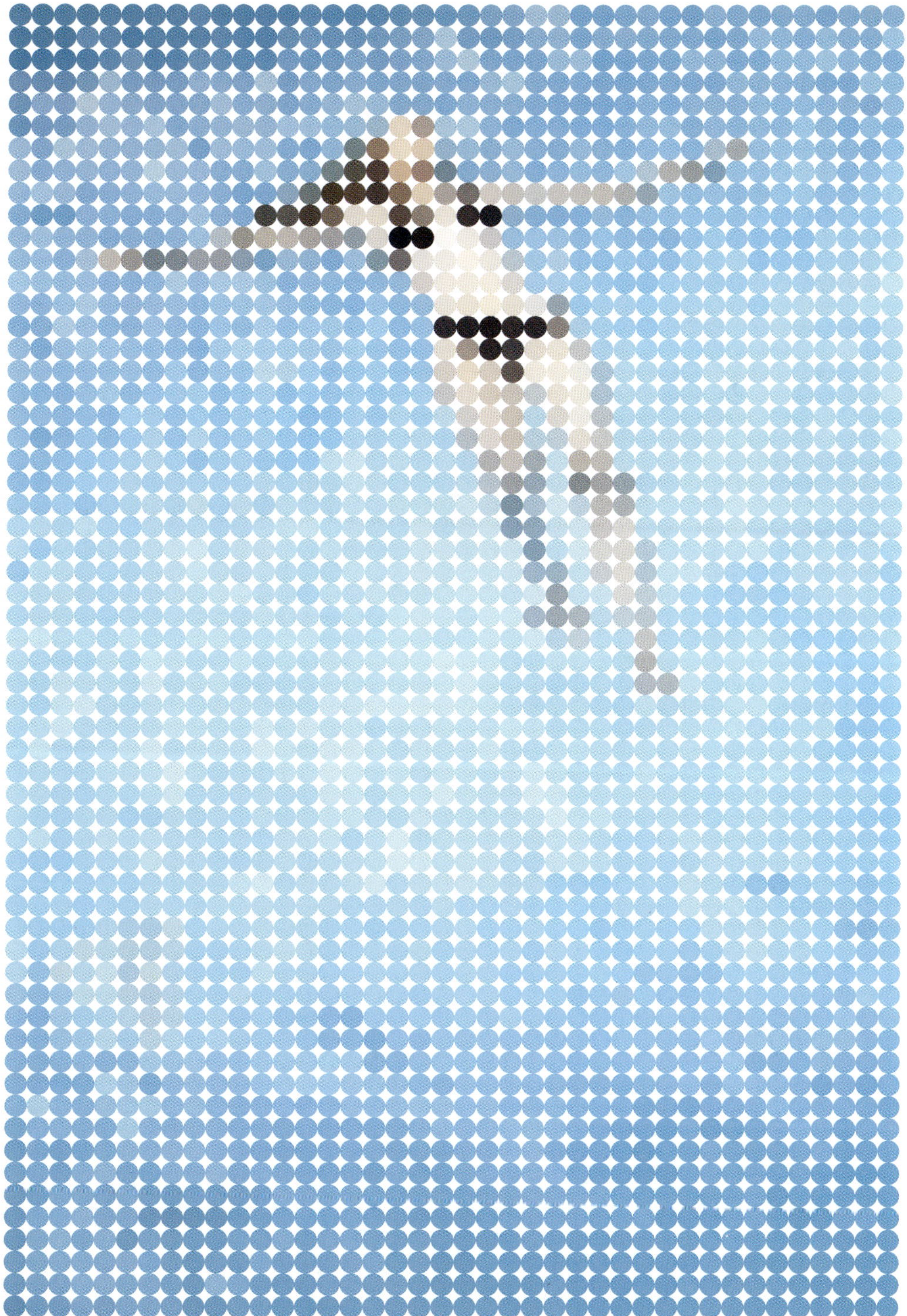

Kanäle und Platten
Die meisten Abbildungen entstehen aus einer Kombination der C-, M-, Y- und K-Platten im Vierfarbdruck.

Wenn ein Designer versteht, wie im Vierfarbdruck ein Bild aufgebaut ist, kann er jeden Farbdurchlauf separat berücksichtigen und so Farbangleichungen oder grafische Veränderungen vornehmen.

Die vier Prozessfarben werden mit separaten Druckplatten in der Reihenfolge Cyan, Magenta, Gelb und Schwarz aufgetragen. Man beachte den Unterschied, der durch die schwarze Druckplatte (K) im Bild links im Vergleich zu der unten gezeigten Kombination C+M+Y entsteht.

C

C+M

C+M+Y

C+M+Y+K

Kombination aus C+M+Y mit einem geringen Schwarzanteil.

Vierfarbdruck mit reduziertem Kontrastlevel.

Aufgehellte Abbildung, die mit einem metallischen Pantone 811 im Farbverlauf bedruckt wurde.

Diese Abbildungen wurden mit Leuchtfarbe (Pantone 811) gedruckt.

 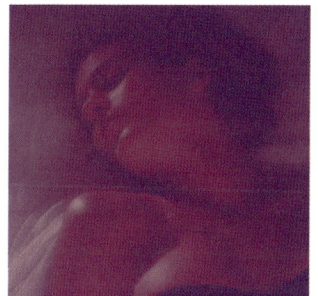 

Diese Abbildungen verwenden ein metallisches Silber (Pantone 8062) als Grundfarbe.

  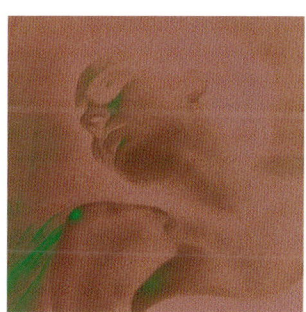

Mit gemischten Farbkanälen wird hier eine dramatische Wirkung erzielt.

Die Farbkanäle sind hier bewusst nicht registerhaltig, wodurch sehr unterschiedliche Effekte entstehen.

Druckreihenfolge
Die Druckreihenfolge der Prozessfarben C, M, Y und K wirkt sich auf das Endergebnis des Drucks aus.

Das hierbei erforderliche Wissen geht aber weit über die reine Abfolge selbst hinaus. Ein Verständnis für die Druckreihenfolge ist wichtig, um die Überdruckverfahren optimal nutzen zu können. Logischerweise lässt sich nur eine Farbe, die bereits gedruckt wurde, mit einer anderen Farbe überdrucken. Beim Standardverfahren kommt zuerst Cyan, dann Magenta, also kann Cyan Magenta nicht überdrucken. Soll ein Drucklack verwendet werden, muss berücksichtigt werden, ob er sich zum Überdrucken eignet (siehe Beispiel auf der nächsten Seite), oder ob Aussparungen erforderlich sind.

CMYK
Die Standard-Prozessfarben werden in der Reihenfolge Cyan, Magenta, Gelb und Schwarz gedruckt.

Aussparen

Beim Aussparen wird in der unteren Farbschicht ein bestimmter Bereich freigelassen, sodass die darüber gedruckte Farbe von der Grundfarbe nicht beeinträchtigt wird. Die untere Farbe wird also einfach dort weggelassen, wo die nächste Farbe erscheint. Will man einen magentafarbenen Kreis auf ein cyanfarbenes Quadrat drucken, muss dieses Quadrat mit einer weißen Aussparung (A) gedruckt werden. Diese Aussparung muss ein bisschen kleiner ausfallen als der nachfolgende magentafarbene Kreis (B), um so genannte Blitzer (C) zu vermeiden, die aufgrund von Register- oder Passerungenauigkeiten im Druckprozess entstehen könnten.

Überfüllen

Wenn im Mehrfarbendruck zwei Farbflächen nebeneinander liegen, lässt man sie leicht überlappen, um Blitzer zu vermeiden. Die Überfüllung wird so vorgegeben, dass die dunklere Farbe von der helleren überlappt wird, denn diese Variante wird vom Betrachter am wenigsten wahrgenommen.

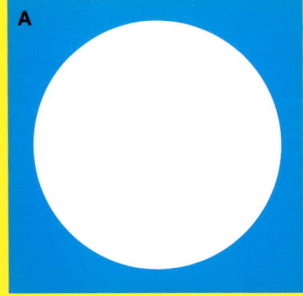 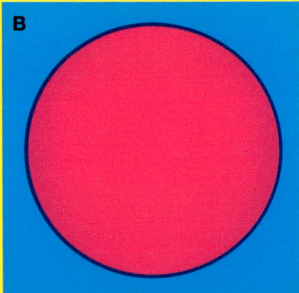 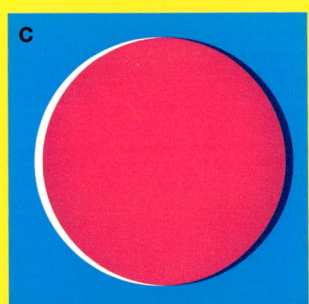

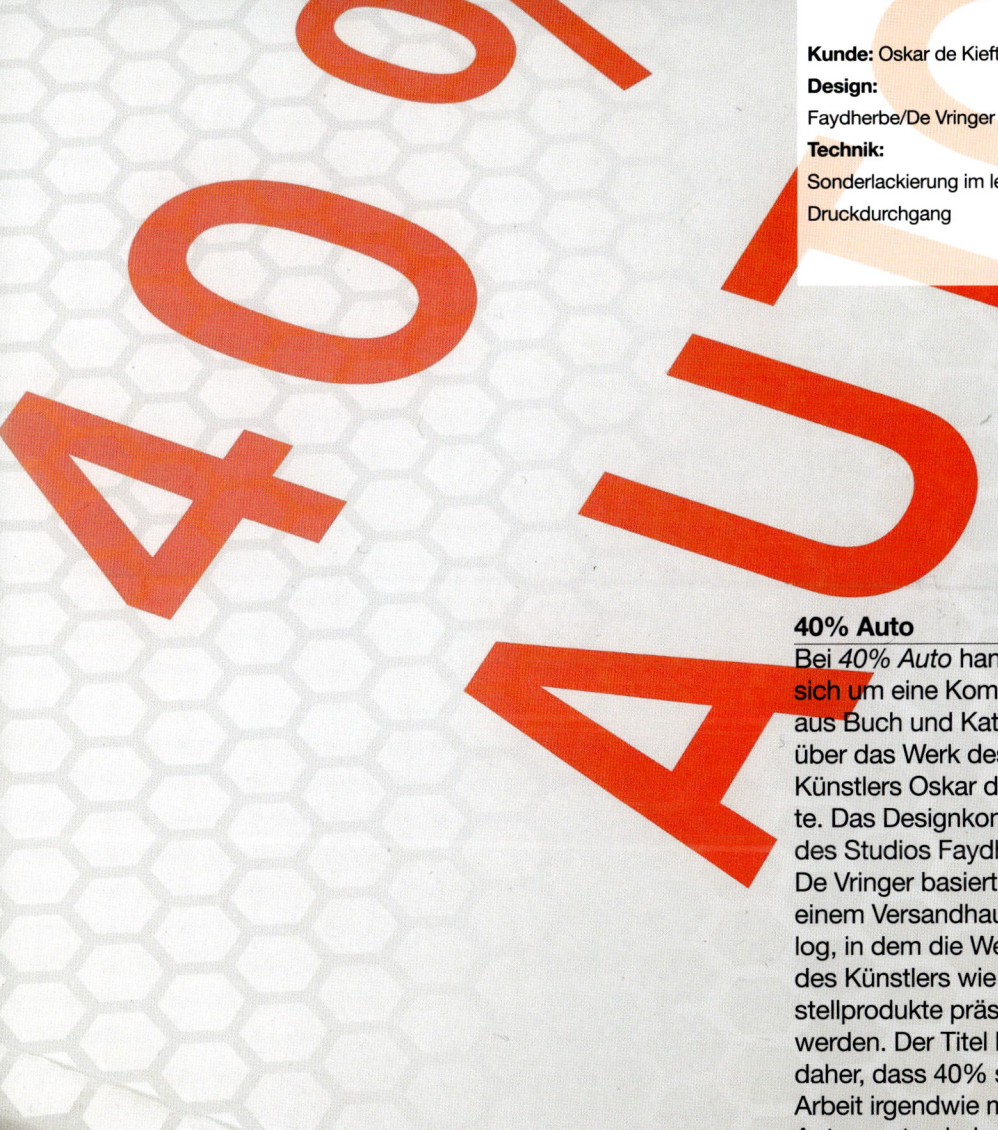

Kunde: Oskar de Kiefte
Design:
Faydherbe/De Vringer
Technik:
Sonderlackierung im letzten
Druckdurchgang

40% Auto

Bei *40% Auto* handelt es
sich um eine Kombination
aus Buch und Katalog
über das Werk des
Künstlers Oskar de Kief-
te. Das Designkonzept
des Studios Faydherbe/
De Vringer basiert auf
einem Versandhauskata-
log, in dem die Werke
des Künstlers wie Be-
stellprodukte präsentiert
werden. Der Titel kommt
daher, dass 40% seiner
Arbeit irgendwie mit
Autos zu tun haben. Das
Cover ist in Schwarz und
Rot bedruckt. Ein hoch-
glänzender Lack über-
zieht den roten Text und
erzeugt so einen subtilen
Zweitoneffekt. Die rote
Druckfarbe enthält metal-
licfarbenes Silber, das an
Licht reflektierende Ver-
kehrsschilder erinnert.

Druck & Veredelung Druckreihenfolge

Überdrucken
Mit Überdruck-, Aufdruck- und Umkehrdruckverfahren erzielt man kreative Effekte.

Beim Überdrucken wird eine Farbe über eine andere Farbe gedruckt, beim Aufdrucken verwendet man Abstufungsvarianten einer Farbe, und beim Umkehrdruck wird das Weiß (bzw. die Farbe) des Bedruckstoffs genutzt und die Druckfarbe bildet den Hintergrund.

Überdruck

Aufdruck

Umkehr-druck

CMYK
Die vier Prozessfarben werden in der Reihenfolge C, M, Y und K gedruckt.

Aussparen
Einschlägige Software ist standardmäßig auf Aussparen eingestellt, damit reine Farben erhalten bleiben.

Überdrucken
Die Farbanwendung kann auf Überdrucken eingestellt werden, damit die Farben sich gegenseitig beeinflussen.

Zusätzliche Farben
Zusätzliche Farben können bei jedem Druckdurchlauf aufgebracht werden. Allerdings sollte eine Sonderfarbe auf jeder Seite, auf der sie eingesetzt wird, in genau derselben Position gedruckt werden. Wird also z.B. Silber zuerst gedruckt, kann die Farbe auf einer anderen Seite nicht zum Überdrucken eingestellt werden.

Druck & Veredelung Produktion

Oben: Buchstaben überdrucken Bitmaps.

Oben: Farbflächen überdrucken einfarbige Bitmaps.

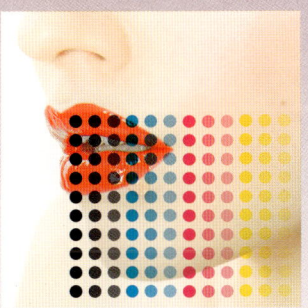 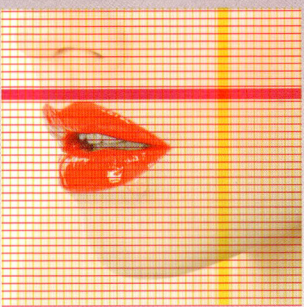 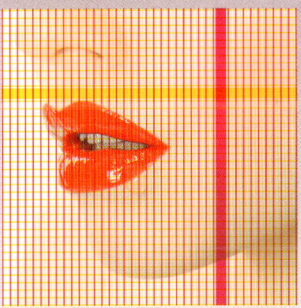

Oben: Muster überdrucken Abbildungen.

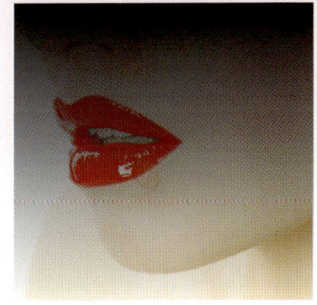 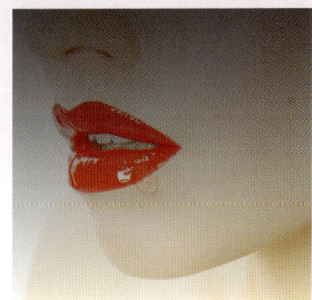 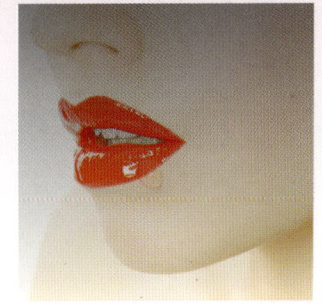

Oben: Schwarze Flächen in Abstufungen von 100% (l.), 80% (M.) und 60% (r.) überdrucken farbige Abbildungen.

Druck & Veredelung Überdrucken

Juice, September 05

34

Juice, September 05

Juice (oben)

Dieses einfache Design wurde vom Studio Parent für das Magazin *Juice* gestaltet. Der Titel des Artikels wurde als transluzenter, roter Text quer über die Abbildung auf der ersten Seite gedruckt. Die Abbildung bleibt auf diese Weise voll sichtbar.

Piano Factory (rechts)

In der Immobilienbroschüre des Designstudios MadeThought für die Firma London & Overseas verbirgt sich ein Leporello, das ohne jede Bindung hinter den Klappen des Festeinbands liegt. Die vierfarbigen Abbildungen sind zum Teil mit schwarzen Flächen überdruckt, wodurch ein strukturierter, schichtartiger Effekt entsteht.

Kunde: London & Overseas
Design: MadeThought
Technik:
Schwarze Flächen überdrucken die vier Prozessfarben sehr kreativ

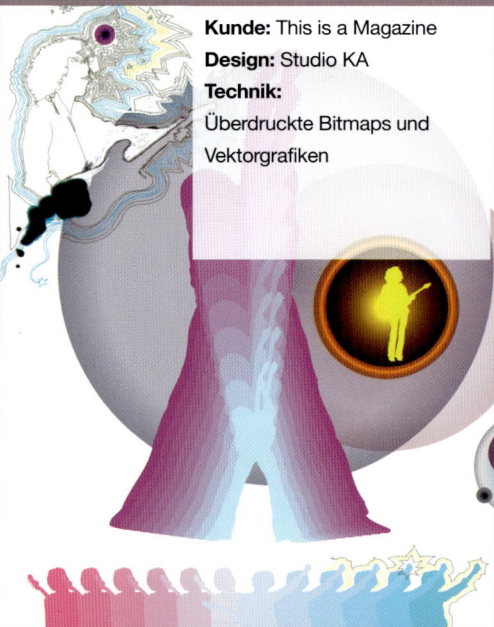

Kunde: This is a Magazine
Design: Studio KA
Technik:
Überdruckte Bitmaps und
Vektorgrafiken

This is a Magazine (oben und links)
Diese Doppelseiten aus *This is a Magazine* wurden vom Studio KA mit Bitmaps und Vektorgrafiken gestaltet. Die einzelnen Designelemente sind übereinander gedruckt und bilden so eine Art grafisches Gewebe aus Farben und Formen.

Druck & Veredelung Überdrucken

Rasterbilder
Ein Rasterbild besteht aus unterschiedlich großen Punkten, mit denen die Halbtöne eines Fotos reproduziert werden.

Die Rasterpunkte können unterschiedliche Formen haben und lassen sich in Größe, Anordnung und Winkelung verändern, wie die Beispiele unten zeigen.

Dies ist das Ausgangsbild.

Hier werden vergrößerte Raster-punkte verwendet.

Rasterlinien erzeugen einen grafischen Effekt.

Die Rasterlinien sind hier gewin-kelt, sodass ein Schraffureffekt entsteht.

Statt runder Punkte werden hier elliptische Punkte eingesetzt.

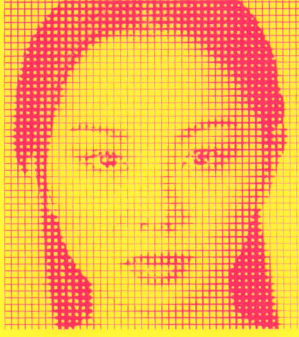

Bei diesem Bild sind die Raster-punkte quadratisch.

Zembla (rechts)
Diese Seiten wurden von Frost Design für das Literaturmagazin *Zembla* gestaltet. Die Bildelemente wurden so umgesetzt, dass ein punktförmiger Rastereffekt entstand.

Kunde: Zembla Magazine

Design: Frost Design

Technik:

Bildwiedergabe als Punktraster

Graustufenbilder mit erweitertem Tonwertumfang

Solche Bilder sind wie Schwarzweißbilder, bei denen die Weißtöne durch eine oder mehrere Prozessfarben ersetzt wurden.

Macht man aus dem ursprünglichen Foto (ganz links) ein Graustufenbild (links), ergibt sich ein Duotone.

Dieses einfache Duotone besteht aus Cyan und Schwarz.

Bei diesem Duotone wurde der Cyan-Anteil erhöht, um einen dunkleren Effekt zu erzielen.

Bei diesem Tritone ergeben Cyan und Magenta einen wärmeren Effekt.

Dieses Duotone hat einen erhöhten Magenta-Anteil.

Hier ist ein Duotone zu sehen, bei dem Gelb ein warmes, weiches Bild erzeugt.

Bei diesem Tritone wurden Gelb und Rot verwendet.

Dieses Quadtone ist kontrastreicher und zeigt mehr Schatten.

Druck & Veredelung Produktion

 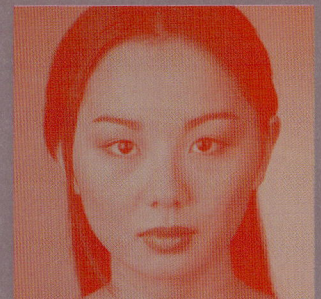 

Dieses Tritone verwendet besondere Silber- (l.) und Leuchtfarben (M.), das Duotone eine Leuchtfarbe und Schwarz.

 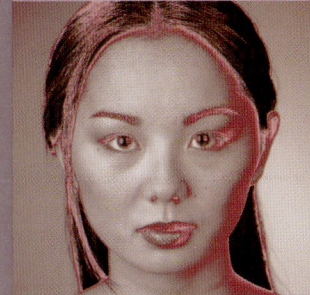 

Die Farbkurven dieser Duotones wurden so angepasst, dass die Töne unterschiedliche intensiv sind.

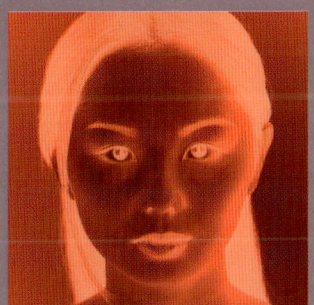  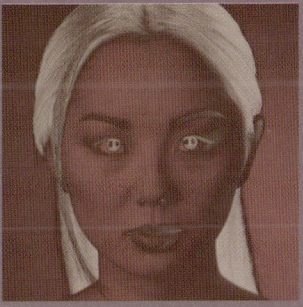

Werden die Farbwerte ausreichend verändert, lässt sich ein Negativbild erzeugen.

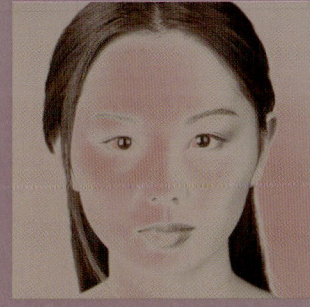  

Experimente mit den Farbkurven können zu sehr grafischen Ergebnissen führen.

Kunde: Enville Capital UK
Design: Parent
Technik:
Kaschierte Broschüre in
Metallicgold und Braun

your wealth, your future —
an obligation that we take very seriously indeed.

a passionate desire to secure the future wellbeing
of yourself, your family and your interests.

Enville Capital UK

Diese Broschüre stellt das Dienstleistungsangebot der Vermögensverwaltung Enville
Capital UK vor. Die Druckfarben sind Metallicgold und Braun, also Farben, die sich
warm, edel und kostbar anfühlen. Dieses Gefühl wird verstärkt durch das großzügige
Layout und die minimale Verwendung von Text quer über die randabfallenden Bilder.
Die Broschüre wurde kaschiert, um noch wertvoller und luxuriöser zu erscheinen.

Kunde: Land Securities

Design: NB: Studio

Technik:

Hochgesättigte Vierfarbfotos
und Duotones mit Farb-
abstufung

Land Securities

Diese Broschüre wurde von NB: Studio für die Firma Land Securities und einige ihrer
Bauvorhaben in London gestaltet. Hochgesättigte Vierfarbfotos unterstreichen das
Thema „love shopping" (unten) und kontrastieren auffallend mit den Duotone-Bildern
der Bauprojekte, die zusätzlich eine Farbabstufung von oben nach unten aufweisen.

Farbabtönung
Unter Farbabtönung (Helltönung) versteht man die Zugabe von Weiß zu einer Farbe, um eine hellere Variante zu erhalten.

Die Reproduktion von Farben erreicht man durch Rasterung der drei trichromatischen Prozessfarben Cyan, Magenta und Gelb in Schritten von 10%. In Kombination mit Weiß lassen sich so 1330 Farbtöne erzielen und sogar fast 15.000, wenn man Schwarz hinzu nimmt. Der Farbbalken unten zeigt die Erhöhung des Schwarzanteils in Schritten von 10% sowie den Druck auf grünes Papier. Dies beweist, dass buntes Druckpapier Farbvariationen möglich macht, auch wenn die Farbpalette selbst sehr eingeschränkt ist. Es entsteht die Illusion, dass mehrere Farben verwendet wurden.

10%	20%	30%	40%	50%	60%	70%	80%	90%	100%

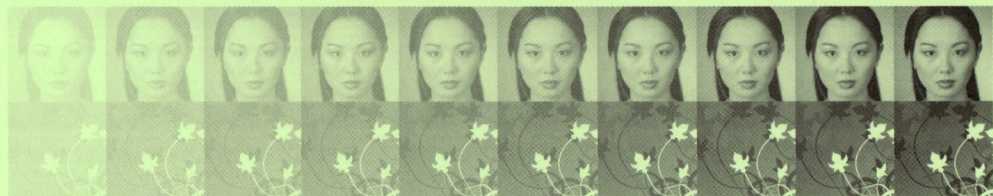

Bilder in Abtönungsstufen von 10 bis 100%

Bilder mit einem Schwarzwert von 100% auf unterschiedlich abgetöntem Untergrund

Duotone-Bilder mit einem Schwarzwert von 100% auf farbigem Untergrund in Abtönungsstufen von 10–100%.

Druck & Veredelung Produktion

Kunde: one.org

Design: Research Studios

Technik:

Verschiedene Schwarzab-
tönungen und Schriftgrößen
ergeben einen dramatischen
Effekt

ONE

ONE BILLION PEOPLE WATCH THE ACADEMY AWARDS. **ONE** BILLION PEOPLE LIVE IN EXTREME POVERTY. STAND WITH THEM. WEAR THE WHITE BAND TO FIGHT GLOBAL AIDS AND POVERTY.

BONO, GEORGE CLOONEY, SALMA HAYEK, DENNIS HOPPER, AL PACINO, ELLEN DEGENERES, DJIMON HOUNSOU, TOM HANKS, BENICIO DEL TORO, ANTONIO BANDERAS, JACK VALENTI, RICHARD CURTIS AND FRIENDS OF THE GLOBAL FIGHT

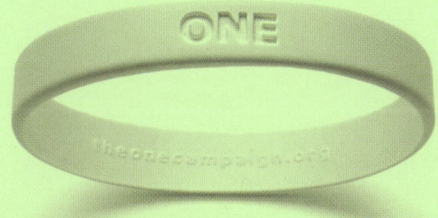

ONE THE CAMPAIGN TO MAKE POVERTY HISTORY. **ONE.ORG**

one.org

Dieses Plakat wurde von Research Studios für Werbekampagnen von one.org gestaltet, der Website einer sehr bekannten Aktion gegen Armut und Aids. Der Text ist in verschiedenen Schwarzabtönungen und Schriftgrößen gedruckt, wodurch der Inhalt sehr wirkungsvoll präsentiert wird.

Druck & Veredelung Farbabtönung

Kunde: The London Institute
Design: Turnbull Grey
Technik:
Bindung mit Seitenheftung
mit besonderer optischer und
taktiler Wirkung

PARTICLE
FABRICS
2002

Bindung

Es gibt unterschiedliche Bindeverfahren, mit denen man die Seiten einer Publikation zu einem Buch, einem Magazin, einer Broschüre oder anderen Formaten verbinden kann. Die unterschiedlichen Methoden ermöglichen es dem Designer, neben den optischen Qualitäten, der Haltbarkeit und den Kosten auch Entscheidungen über die Funktionalität eines Druckwerks zu treffen. Eine kreative Bindung kann dazu beitragen, dass sich eine Publikation aus der breiten Masse abhebt.

Die Art der Bindung hat einen unmittelbaren Einfluss auf die Haltbarkeit des Druckwerks, so sind z.B. Fadenheftungen langlebiger als Klebebindungen. Zeitschriften und Magazine werden meist nur kurz genutzt, also werden sie oft mit der preisgünstigen Rückstichheftung oder Klebebindung gebunden. Für Publikationen, die flach aufliegen sollen, etwa Handbücher, eignet sich eine Wire-O- oder Spiralbindung besser.

Particle Fabrics (links)
Diese Broschüre wurde von Turnbull Grey für die Ausbildungseinrichtung The London Institute gestaltet. Darin geht es um Stoffe, also wurden Materialien gewählt, die dem Design eine gewisse Struktur verleihen. Auch die seitliche Fadenheftung und die Seiten mit Kreuzbruchfalz tragen dazu bei, dass das Druckwerk optisch gut wirkt, Qualität ausstrahlt und eine lange Lebensdauer hat.

Wire-O-, Spiral- und Kammbindung
Bei der Wire-O-Bindung werden Metallringe durch speziell gestanzte Löcher im Rücken der Publikation geführt.

Der Hauptvorteil liegt in der Möglichkeit, das Druckwerk immer flach aufzulegen, wie das Beispiel auf der nächsten Seite zeigt. Der Rücken bleibt offen sichtbar, wie unten zu sehen ist. Besondere Vorsicht ist bei Bildern geboten, die über den Bundsteg hinausgehen, weil die Stanzlöcher die ästhetische Wirkung beeinträchtigen können.

Wire-O-Bindung
Drahtringe mit „Zähnen" werden durch die Stanzlöcher geführt und halten die Seiten zusammen.

Spiralbindung
Eine Metallspirale wird von oben nach unten (bzw. umgekehrt) durch Stanzlöcher gezogen. Dieses Bindeverfahren ist etwas aufwändiger, hält aber länger.

Kammbindung
Vom Prinzip her wie die Wire-O-Bindung, nur dass statt der Drahtringe ein Kunststoffkamm verwendet wird.

Eurostar (rechts)
Diese Broschüre von HGV Felton für die Firma Eurostar besteht aus fünf Blättern mit Wire-O-Bindung und 12 kleinen, mit Drucklack versehenen Einschaltblättern. Mit ihnen wird das Solari-Anzeigensystem dargestellt, das auf Flughäfen und in Bahnhöfen Abflug- bzw. Abfahrtszeiten anzeigt. Die beeindruckenden Schwarzweißbilder lenken die Aufmerksamkeit des Lesers auf den Rücken der Broschüre, wo die Drahtringe wie die Scharniere im Anzeigensystem wirken und zum Weiterblättern animieren.

Kunde: Eurostar
Design: HGV Felton
Technik:
Wire-O-Bindung mit Einschalt-
blättern symbolisiert Anzeigen-
system

esprit europe is the leading supplier of timetabled parcel
services between central London and central Paris and Brussels.
Esprit Europe has introduced a new dimension to the city to city parcels
business. Up to 20 Eurostar trains each day offer door to door deliveries
in as little as four hours. Alongside the pioneering Euro sameday
service, the innovative next day Euro by 9 service completes a unique
package of services. Our customers include some of the largest
alongside some of the smallest companies in London – they all value
the specialist service from Esprit Europe.

Verdeckte Bindung
Es gibt die halbverdeckte und die komplett verdeckte Bindung. Beide funktionieren nach demselben Prinzip.

Bei beiden Arten wird eine Wire-O-Bindung verwendet, die zusätzlich mit einem Cover verdeckt ist. In beiden Fällen kann das Druckwerk flach aufliegen und der Rücken bedruckt werden.

Komplett verdeckte Bindung
Wie die Illustration unten zeigt, ist hier der Rücken vollständig verdeckt.

Halbverdeckte Bindung
Hier bleibt der Rücken durch Stanzlöcher im Cover sichtbar, wie unten rechts gezeigt.

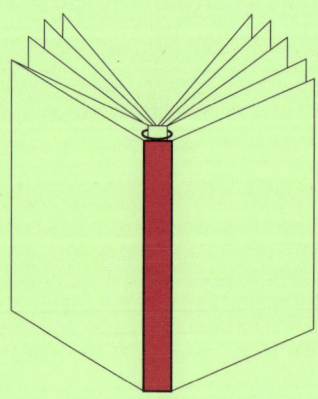 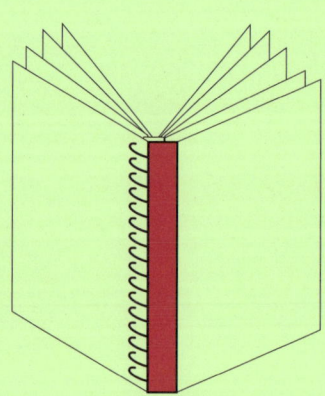

Bei diesem Beispiel ist der Buchblock (A) mit einer komplett verdeckten Bindung mit dem gleich großen Grundelement (B) verbunden. Beide Teile werden in zwei Cover-Paneele eingefaltet (C). Das Cover hat einen eigenen Rücken (D), der es ermöglicht, das Druckwerk zu schließen. Alle Falze sind magentafarben gekennzeichnet.

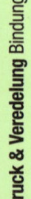 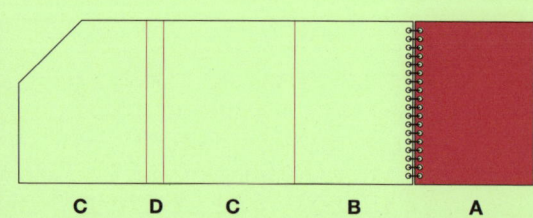 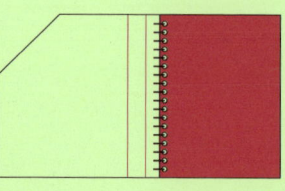 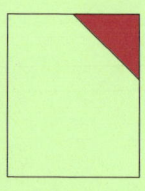

C   D   C   B   A

Kunde: Arts Council England
Design: Untitled
Technik:
Verdeckte Bindung und
gestanzte Ecken

Necessary Journeys

Diese Publikation wurde vom Designstudio Untitled für das Arts Council England gestaltet. Sie enthält Berichte über tatsächliche und metaphorische Reisen einer Gruppe von Künstlern. Die komplett verdeckte Bindung besteht aus einem Wire-O-Element und einem Cover, das die Drahtringe vollständig unsichtbar macht. Die Eckstanzung wird mit jeder Seite kürzer, sodass eine Art Daumenregister entsteht.

Automatische Bindung
Einige Publikationen sehen so aus, als seien sie gebunden; in Wirklichkeit sind sie jedoch nur gefalzt.

Solche Bindungen werden als automatische Bindungen bezeichnet, weil der Leser sie nach jeder Benutzung automatisch wieder zusammenfaltet. Typische Beispiele hierfür sind Landkarten und Broschüren.

Dieses Beispiel zeigt ein Leporello, bei dem die ersten beiden Seiten (hier in Magenta dargestellt) eine Art Cover bilden, in das die übrigen Seiten eingefaltet werden. Die ersten beiden Seiten sind etwas größer, damit alles gut zusammenpasst.

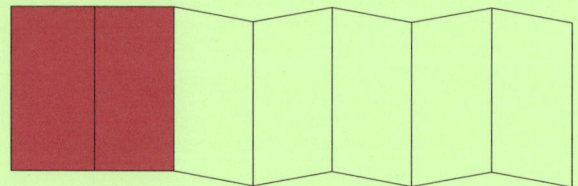 

Situations Annual Report (unten und rechts)

Dieser Jahresbericht wurde vom Designstudio Thirteen für die 2003 gegründete Organisation Situations gestaltet, die es sich zur Aufgabe gemacht hat, moderne Kunst im Rahmen einer kritischen öffentlichen Debatte in Auftrag zu geben. Der Bericht fasst die bisherigen Ergebnisse des Projekts zusammen. Das Designstudio entschied sich für ein Leporello: Auf der einen Seite werden Informationen und Zahlen zu bestimmten Themen genannt, auf der anderen Seite erfährt der Leser alles Wissenswerte über die Pläne der Organisation, ihre Ziele, Projekte und Publikationen. Der Bericht wurde in zwei Teilen gedruckt und von Hand weiterverarbeitet. Der Farbverlauf verdeutlicht die Fähigkeit der Organisation, sich rasch zu verändern.

Kunde: Situations
Design: Thirteen
Technik:
Jahresbericht als Leporello

Druck & Veredelung Automatische Bindung

Fadenheftung
Dieses Bindeverfahren wird meist für langlebige Druckwerke eingesetzt, besonders für Bücher mit Festeinband.

Velinpapier

Mit transluzentem Velinpapier werden Farbtafeln in Büchern geschützt. Das Papier ist in verschiedenen Mustern und Strukturen erhältlich, z.B. Leinenstruktur.

Buckram

Mit Buckram bezeichnet man ein grobes Leinen- oder Baumwollmaterial, das mit dem festen Bucheinband verklebt wird.

Kapitalbändchen

Die Gewebestreifen oben und unten am Buchrücken werden als Kapitalbändchen bezeichnet. Sie schützen die Seiten und sind dekorativ.

Vorsatzblätter

Vorsatzblätter sind die Blätter aus schwerem Kartuschenpapier, die bei Büchern mit Festeinband vorn und hinten zu finden sind. Sie verbinden den Buchblock mit dem Einband.

Druck & Veredelung Bindung

Kunde: Sergison Bates
Design: Cartlidge Levene
Technik:
Buch mit Buckram-Cover und
Fadenheftung

Sergison Bates architects
Brick-work: gewicht und präsenz

Brick-work

Das Buch *Brick-work* wurde vom Designstudio Cartlidge Levene für das Architekturbüro Sergison Bates gestaltet. Das Buch hat eine Fadenheftung, und der Titel wurde
im Siebdruckverfahren auf das Buckram-Cover aufgedruckt.

Klebebindung
Eine Klebebindung findet man häufig bei Zeitschriften und Taschenbüchern.

Der Buchblock wird weder mit Draht noch Faden geheftet, sondern an der Klebekante mit einer zähen Klebstoffschicht verbunden. Auch der Umschlag wird nur geklebt.

Die einzelnen Seiten werden zusammengetragen und oft aufgeraut bzw. angefräst, damit der Klebstoff noch besser hält. Nach dem Einkleben des Blocks in den Umschlag werden die restlichen Kanten beschnitten, damit sie sauber aussehen. Die Haltbarkeit ist vom jeweiligen Klebstoff abhängig.

Klebebindeverfahren
Die einzelnen Bogen werden zuerst kollationiert, dann wird der Rücken des zusammengetragenen Blocks aufgeraut, angefräst und mit Klebstoff versehen. Anschließend wird der Umschlag angeklebt, und die Kanten werden beschnitten. Der Buchrücken ist seitlich leicht eingekerbt, damit sich die einzelnen Seiten leichter umblättern lassen und der Rücken besser geschützt ist.

Fadenheftung
Die einzelnen Bogen des Buchblocks können vor dem Binden zusätzlich zu Rohblöcken geheftet werden, um etwas mehr Stabilität zu erreichen. Allerdings dauert das Binden dann länger und ist teurer.

Fadensiegelung
Bei diesem Verfahren werden Klebebindung und Fadenheftung kombiniert. Spezialfäden werden eingelegt und heiß verklebt (versiegelt), es gibt jedoch keine Heftverbindung zwischen den einzelnen Rohblöcken.

Seitliche Fadenheftung
Bei diesem Verfahren wird der gesamte Block seitlich mit einem Faden geheftet. Das Resultat ist eine besonders stabile Bindung, die – nicht verwunderlich – gerne für Kinderbücher verwendet wird.

Druck & Veredelung Bindung

Kunde: RSA

Design: Untitled

Technik:

Broschüre mit Klebebindung;
Prägungen und Stanzungen
betonen die Wirkung von
Schwarz auf Schwarz

RSA (oben

Das Designstudio Untitled gestaltete diese Broschüre mit dem Titel *Art For Archi-tecture* für die Royal Society of Architecture. Auf dem schwarzen Cover sieht man vorn geprägte und gestanzte Kreise, wodurch ein Schwarz-auf-Schwarz-Effekt entsteht, der dem Druckwerk Struktur verleiht. Hinten sind die Namen der vorgestellten Künstler eingeprägt.

Druck & Veredelung Klebebindung

Weitere Bindeverfahren
Mit ungewöhnlichen Techniken oder Materialien erzielt man besondere Effekte.

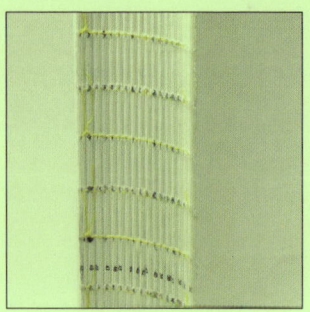

Offene Bindung
Hier ist die Bindung sichtbar; dieses Beispiel wurde vom Designstudio Tank für das Magazin *Mind* gestaltet.

Bauchschleife
Diese Publikation stammt vom Designstudio MadeThought; die Bauchschleife schützt den Inhalt und schmückt das Druckwerk.

Singerheftung
Eine genähte Bindung kann sehr dekorativ sein; Nähgarn gibt es in vielen Stärken und Farben, und es lassen sich Muster nähen.

Z-Bindung
Diese Z-Bindung wurde vom Designstudio MadeThought gestaltet und teilt die Publikation so ganz klar in zwei Bereiche.

Elastische Bänder
Mit elastischen Bändern kann man lose Blätter auf einfachste Weise mit einem festen Umschlag verbinden.

Klammern und Schrauben
Auch Klammern und Schrauben eignen sich für die Bindung, wie dieses Beispiel des Designstudios Myerscough zeigt.

Druck & Veredelung Bindung

Kunde: Land Securities

Design: NB: Studio

Technik:

Bauchschleife mit opti-
scher und schützender
Wirkung

Land Securities

Diese Broschüre mit dem Titel *Capital Commitment* wurde von NB: Studio für die Immobilienfirma Land Securities gestaltet. Sie wird von einer bedruckten und mit einer Folienprägung versehenen Bauchschleife umhüllt, die den Inhalt schützt und gleichzeitig dekorativ wirkt. Darauf zu sehen ist der Slogan „LifeStyle", der die Initialen des Kunden beinhaltet und darauf hinweist, dass der richtige Wohnort den eigenen Lebensstil verbessern kann.

Kunde: The Conran Shop
Design: Studio Myerscough
Technik:
Bindung mit Elastikband

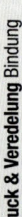

Juxtapose With You

Diese Broschüre wurde vom Studio Myerscough für
die Einrichtungskette The Conran Shop gestaltet. Sie
beinhaltet eine Reihe von losen Blättern, die mit einem
elastischen Band zusammengehalten werden. Durch
diese Bindung kann der Leser Blätter leicht heraus-
nehmen oder die Broschüre neu zusammenstellen. Die
Doppelseiten auf der gegenüberliegenden Seite zeigen, wie die abstrakten und konkreten Abbildungen
jeweils gegenüberliegend angeordnet sind.

Kunde: The Mill
Design: MadeThought
Technik:
Siebdruck auf DVD-Hülle
vermittelt Tiefe und Struktur

Endprodukt

Bei fertigen Produkten ist oft zu beobachten, dass mehrere der vorgestellten Verfahren kombiniert wurden. Viele Publikationen werden auf kreative Art und Weise bedruckt und weiterverarbeitet.

In den vorherigen Kapiteln wurden die unterschiedlichen Druck- und Verarbeitungsverfahren getrennt beschrieben, doch meist werden Elemente und Techniken kombiniert. Erst wenn man versteht, welches Potenzial sich hinter den einzelnen Methoden verbirgt, kann man dem Druckwerk durch kreative Konzepte einen besonderen Touch verleihen. Die Kunden können davon direkt profitieren, weil sich ihre Produkte oder Druckwerke deutlich von denen der Konkurrenz abheben und auf den Betrachter attraktiver wirken.

Es ist schon erstaunlich, wie man das Interesse der potenziellen Kunden durch kreative Druck- und Veredelungsverfahren beeinflussen kann. Viele Menschen bauen instinktiv eine Beziehung zu den Objekten auf, die sie sehen und berühren. Der taktile Effekt eines interessanten Bedruckstoffs oder die Art und Weise, wie eine Folie das Licht reflektiert, kann sehr magisch wirken – und diese Magie kann der Designer steuern und gezielt einsetzen.

The Mill (links)
Diese DVD-Hülle wurde vom Designstudio MadeThought für die Londoner Filmproduktionsfirma The Mill gestaltet. Die Hülle wurde vorn und hinten im Siebdruckverfahren bedruckt, um Tiefe und Struktur zu suggerieren. Durch dieses Druckverfahren ergibt sich eine gleichmäßige, kontrastarme, aber doch lebhafte Farbe, mit der auch feine Details wie das Gittermuster auf der Rückseite sehr gut zur Geltung kommen. Eine sonst unauffällige Verpackung wird so zu einem einzigartigen Objekt.

Struktur
Eine Publikation kann auf unterschiedliche Art und Weise Struktur erhalten, etwa durch Bedruckstoff, Druckverfahren und Weiterverarbeitung.

Ein Druckwerk mit Struktur erscheint taktiler und kann auch eine enorme grafische Wirkung erzielen.

Eugène van Veldhoven (oben und rechts)

Der Stoffdesigner Eugène van Veldhoven entwirft neue Stoffe für die Mode- und die Automobilindustrie, und genau das spiegelt sich im Design dieser Visitenkarten von Faydherbe/De Vringer wider. Der Text ist in der Schrift Insider gesetzt, die vom niederländischen Fonthersteller Character Font Foundry entwickelt wurde. Das Logo wurde im Prägefoliendruck auf ein beschichtetes Metallicpapier aufgebracht, wodurch eine stoffartige Struktur entstand. Die Kontaktinformationen wurden mit einer metallischen Druckfarbe gedruckt, außerdem wurden verschiedene Lacke und Prägungen verwendet, um die unterschiedlichsten Effekte zu erzielen.

Druck & Veredelung Endprodukt

Kunde: Eugène van Veldhoven
Design:
Faydherbe/De Vringer
Technik:
Struktur durch Prägefolien-
druck und Prägungen auf
beschichtetem Metallicpapier

Kunde: Circle Press

Design: Thomas Manss & Company

Technik:
Prägecover und Pop-up-Teil strukturieren das Druckwerk

Cathy Courtney **The Looking Book**

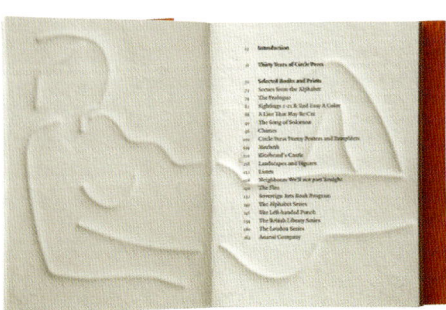

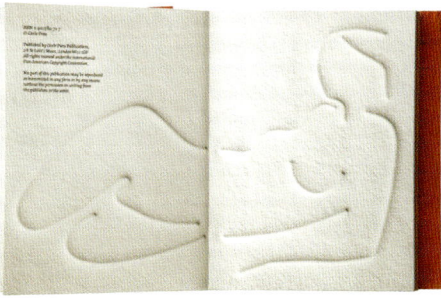

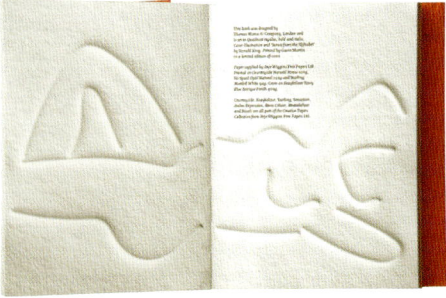

Kunde: Kronk
Design: Parent
Technik:
Getönter UV-Lack erzeugt
Struktur und filtert die Farben
der Fotos

Look Book

Als „look book" bezeichnete
man ursprünglich eine Samm-
lung von Bildern, die die kom-
menden Trends in der Mode-
welt vorstellt. Heute verwendet
man den Begriff aber für alle
Arten von Referenzbildern oder
Katalogen zu einem bestimmten Thema.

The Looking Book (links)

Das Studio Thomas Manss & Company gestaltete *The Looking Book* für den
13. Geburtstag von Circle Press. Die Firma hat sich auf kreative, einzigartige Bücher
in limitierter Auflage unter Einsatz verschiedener Druck- und Veredelungsverfahren
spezialisiert. Das Prägecover (oben) und der Pop-up-Teil in der Mitte des Buchs
(unten rechts) sind Originalwerke des Künstlers Ron King, der Circle Press gegründet
hat. Die anderen Abbildungen stammen aus *Turn Over Darling,* einer Serie von sechs
Zeichnungen von Ron King.

Kronk Look Book (oben)

Diese Broschüre wurde vom Designstudio Parent für das britische Modelabel Kronk
gestaltet. Das metallisch-pinkfarbene Logo der Firma wurde im Prägefoliendruck auf
Graupappe aufgebracht und ist Teil des „hypernatürlichen" Gesamtthemas. Die Doppelseiten sind in fünf Farben bedruckt und mit einem UV-Lack überzogen, wodurch
eine gewisse Struktur entsteht und die natürlichen Farben der Fotos gefiltert werden.

Druck & Veredelung Struktur

Mehrwert

Die verschiedenen Druck- und Veredelungsverfahren machen es möglich, jeder Publikation einen gewissen Mehrwert zu verleihen. Zwar steigen dadurch auch die Gesamtkosten an, doch die Kommunikation wird viel wirkungsvoller und spricht den Kunden in mehreren Dimensionen an. So kann z.B. ein Spotlack auf dem Cover ein Druckwerk sehr taktil erscheinen lassen, wodurch die individuell wahrgenommene Qualität steigen kann. Der Leser verbindet diese höhere Qualität dann meist auch mit dem Produkt bzw. der Firma, von der die Publikation stammt.

Oliver Spencer (rechts)

Diese Broschüre wurde vom Designstudio George & Vera für die Frühjahrs- und Sommerkollektion 2006 des Londoner Herrenmodelabels Oliver Spencer gestaltet. Das einfache, saubere Layout der Seiten wird durch eine vierseitige Wickelfalzung ergänzt, wodurch die Broschüre optisch aufgewertet wird. Gedruckt wurde die Publikation auf einer sehr hochwertigen, ungestrichenen Papiersorte – auch das eine Anspielung auf die hohe Qualität der Broschüre und damit auch der Kleidungsstücke.

Druck & Veredelung Endprodukt

Kunde: Oliver Spencer
Design: George & Vera
Technik:
Vierseitiger Wickelfalz und
hochwertiges, ungestrichenes
Papier

Kunde: VH1
Design: dixonbaxi
Technik:
Farbschnitt und ungewöhn-
liche Stanzung machen aus
dem Druckwerk ein Objekt

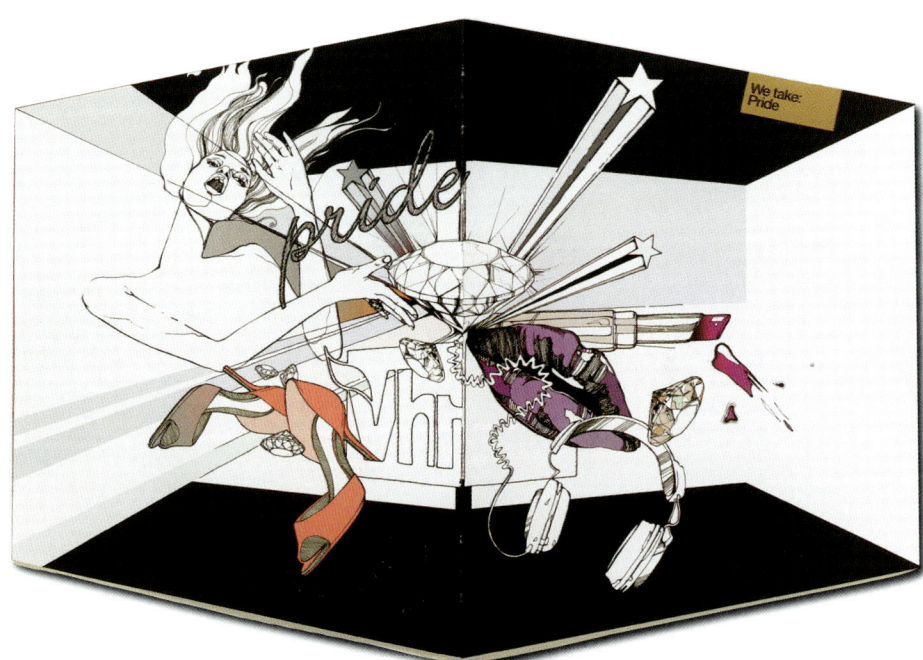

VH1

Diese Publikation wurde vom Designstudio dixonbaxi für den Kabel-TV-Sender VH1 gestaltet. Sie enthält Informationen zu den allgemeinen Richtlinien der Firma. Zur Gestaltung des Inhalts lehnte sich das Studio an TV-Spots an, die von Natur aus sehr unterschiedlich und kurzlebig sind. So entstand eine bunte Mischung aus Texten und Bildern, die das Gefühl vermitteln sollen, dass die enthaltenen Richtlinien weder Vorschriften noch Einschränkungen darstellen.

Die Publikation ist mit einem Goldschnitt verziert und in Form des Logos des TV-Senders gestanzt – es handelt sich also eher um ein Objekt, weniger um ein Buch. Der Goldschnitt auf dieser Publikation über ein so flüchtiges Medium wie das Fernsehen ist ein interessanter Widerspruch zur Dauerhaftigkeit, die solch eine Verzierung eigentlich suggeriert.

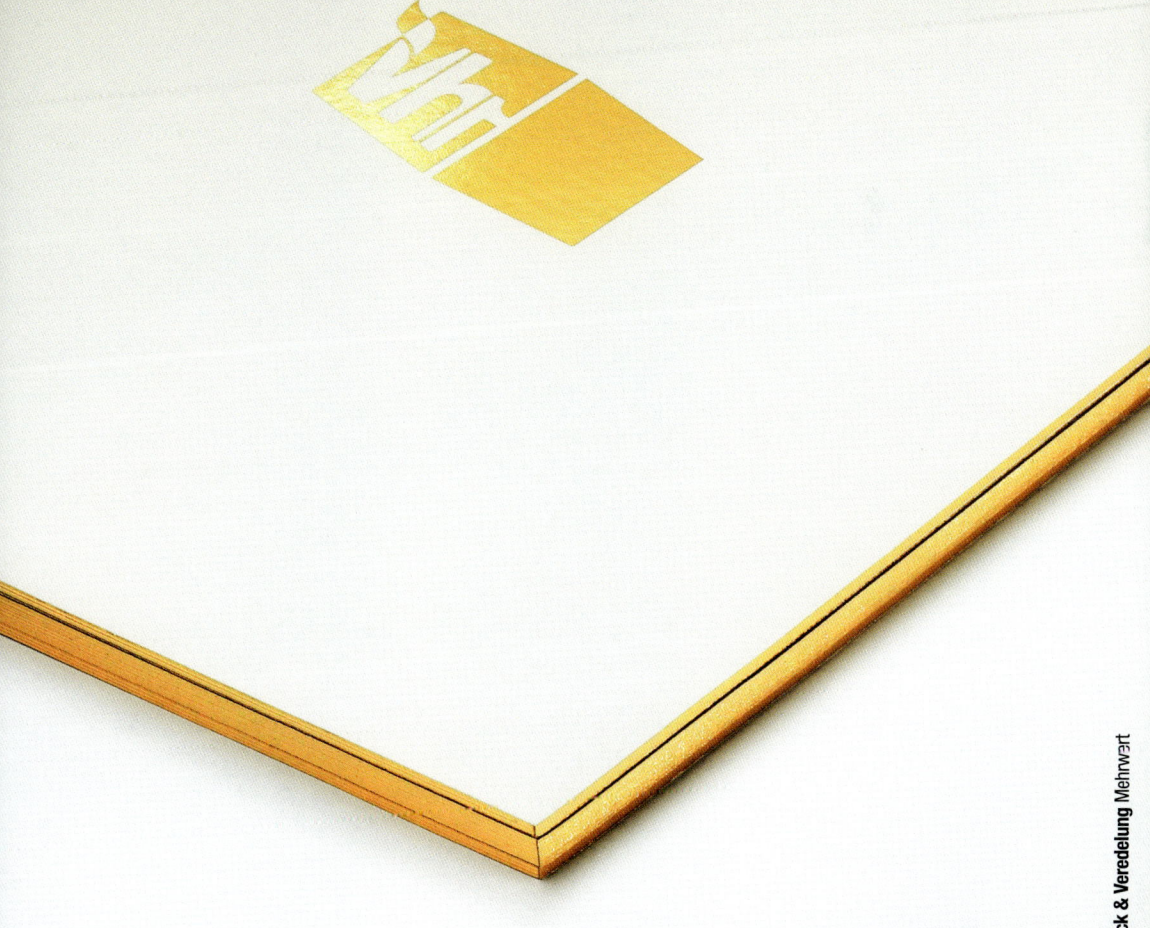

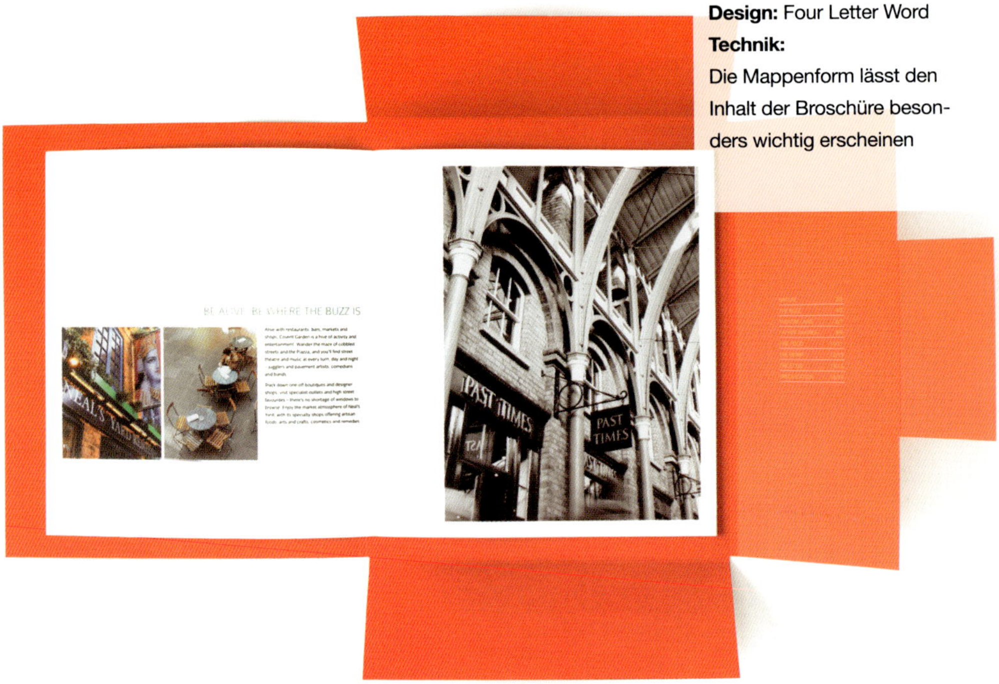

Kunde: E A Shaw
Design: Four Letter Word
Technik:
Die Mappenform lässt den
Inhalt der Broschüre beson-
ders wichtig erscheinen

E A Shaw (oben)

Diese Werbebroschüre wurde vom Designstudio Four Letter Word für das Immobi-
lienprojekt Ingram House der Firma E A Shaw gestaltet. Die Art, in der die Broschüre
in eine Mappe eingelegt ist, macht den Inhalt wertvoll, lässt ihn wichtig erscheinen
und schützt ihn außerdem. Eine Immobilienbroschüre muss heftiges Blättern aushal-
ten können, also ist der zusätzliche Schutz durch die Mappe hier eine sehr gute Idee.

Wedgwood (rechts)

Diese Präsentationsschachtel vom Studio Myerscough für den Porzellanhersteller
Wedgwood gibt der schon alten, traditionellen Marke einen modernen Touch.

Die Schachtel wurde mit Papier überzogen und präsentiert ein Collagen-Design, das
optische Elemente enthält, die aus eingescannten Bildern und Grafiken der Firma
bestehen und mit einem komplizierten Blattmuster kombiniert sind. Die Silberfolie
spielt auf das klassische Image der Firma an, indem es die Muster widerspiegelt, die
auf Wedgwood-Porzellan zu finden sind.

Das Designkonzept basiert zwar auf traditionellen Werten, beweist aber auch, dass
auch dieses Traditionshaus eine spielerische Leichtigkeit besitzt.

Archive Collection

WEDGWOOD
OF BARLASTON

Kunde: Wedgwood
Design: Studio Myerscough
Technik:
Elegantes Blattmuster in Verbindung mit grafischen Elementen ergibt ein modernes Image

Druck & Veredelung Mehrwert

Glossar

Wie die vielen Beispiele in diesem Buch zeigen, kann man beim Drucken und Weiterverarbeiten sehr kreativ sein. Um die Kommunikation zwischen Designer, Kunden und Druckerei zu erleichtern, muss man jedoch die Fachterminologie beherrschen.

Das folgende Glossar bietet eine kurze Übersicht, ist jedoch keinesfalls vollständig und umfassend. Erst wenn Sie die wichtigsten Begriffe beherrschen, können Sie Ihre Vorstellungen und Ideen so artikulieren, dass sie von den Fachleuten auch verstanden werden. Nach dem Glossar folgen einige kurze Zusammenfassungen wichtiger Abläufe, in denen Sie ebenfalls wichtige Informationen nachschlagen können.

Abtönung

Auch Helltönung. Mischen einer Farbe mit Weiß.

Aufdrucken

Zwei Elemente werden übereinander gedruckt, wobei es sich jeweils um Abtönungen derselben Farbe handelt.

Ausschießen

Anordnung der Seiten in der Reihenfolge und Position, in der sie gedruckt werden sollen, bevor sie gefalzt und beschnitten werden.

Aussparung

Im ersten Druckdurchgang nicht bedruckte Fläche. Dadurch lässt sich verhindern, dass aufgedruckte Abbildungen durch darunterliegende Druckfarben beeinträchtigt werden.

Bauchschleife

Auch Buchschleife oder Banderole. Ein bedruckter Streifen Papier, der meist um Zeitschriften gewickelt ist.

Bedruckstoff

Material jeder Art, auf das gedruckt wird.

Bibeldruckpapier

Auch Dünndruckpapier. Ein dünnes, leichtes, langlebiges Papier, das meist aus 25% Baumwoll- und Leinenhadern oder Flachs mit chemischem Holzschliff besteht; benannt nach dem häufigsten Verwendungszweck.

Binden

Zusammenfügen einzelner Seiten oder Teile einer Publikation, z.B. Buch, Zeitschrift, Broschüre, mittels Fäden, Draht, Klebstoff, etc.

Bitmap

Auch Rastergrafik. Grafisches Bild, das aus Bildelementen (Pixeln) besteht und meist zur Reproduktion von Bildern mit detaillierten Tonwerten dient.

Blitzer

Register- oder Passerungenauigkeiten im Druckprozess, die sich durch Über- bzw. Unterfüllen verhindern lassen.

Buchschrauben

Schrauben, die bei der Purdue-Bindung für Festeinbände verwendet werden, um die beiden Buchdeckel zusätzlich zu stabilisieren.

CMYK

Cyan, Magenta, Gelb und Schwarz, die subtraktiven Primärfarben, die als Prozessfarben verwendet werden.

Drucklack

Klare oder getönte Lackschicht, die nach dem Drucken aufgebracht wird, um einem Bedruckstoff ein glänzendes oder mattes Aussehen zu verleihen.

Duotone

Auch Duplexbild. Graustufenbild, das mit einer zweiten Farbe gedruckt wird.

Duplexpapier

Papierlage aus zwei Papiersorten mit unterschiedlichen Eigenschaften, z.B. verschiedenen Farben.

Einschaltblatt

Einlage in einer Publikation, die an der Bindekante eingeklebt wird.

Faltblatt

Bogen, der so gefalzt und in eine Publikation gebunden wird, dass er sich zu einem größeren Format auffalten lässt.

Farbebene

Auch Farblevel. Farbanteil innerhalb eines Kanals.

Farblauf

Die Seiten einer Publikation, die laut Ausschießschema eine Sonderfarbe oder Lackierung erhalten, oder die auf einer anderen Papiersorte gedruckt werden.

Farbschnitt

Spezielles Verfahren zum Bedrucken der Schnittkanten einer Publikation, z.B. Goldschnitt.

Fensterfalz

Der linke und rechte Rand des Bogens werden mit je einem Parallelfalz nach innen geklappt und berühren sich in der Mitte, ohne zu überlappen.

Flockpapier

Besondere Papiersorte; ein Bogen wird mit Leim und gefärbtem Wollstaub (hergestellt aus Abfallwolle oder Pflanzenstaub) überzogen, sodass ein erhöhtes Muster entsteht.

Fluoreszierende Farbe

Leuchtende Sonderfarbe, die nicht durch Mischen der Prozessfarben hergestellt werden kann.

Folien- oder Heißprägung

Auch Prägedruck. Eine Folie wird unter Einwirkung von Druck und Hitze auf den Bedruckstoff geprägt.

Gradient

Auch Farbverlauf. Allmählicher, stufenloser Übergang einer Farbe in eine andere.

Graustufenbild

Abbildung, die neben Schwarz und Weiß auch Grautöne enthält.

Graustufenbilder mit erweitertem Tonwertumfang
Abbildungen, die mit Schwarz und einer weiteren Farbe hergestellt werden.

Hohlprägung
Muster, das in den Bedruckstoff eingeprägt wird und vertieft erscheint.

JPEG (Joint Photographic Experts Group)
Dateiformat für das Speichern von Bildern. Durch Kompression der Datenmenge können JPEG-Dateien bis zu 24 Bit Farbinformationen enthalten (d.h. 6,7 Mio. Farben). Geeignet für Bilder mit komplexen Pixelabstufungen, jedoch nicht für kontrastlose Farben.

Kanal
Ebene mit Farbinformationen für eine Abbildung; ein RGB-Bild hat drei Kanäle, ein CMYK-Bild vier, ein Schwarzweißbild hat nur einen Kanal.

Kreuzbruchfalz
Ein einseitig bedruckter Bogen wird kreuzweise gefaltet und ergibt vier Seiten; durch den Längsfalz wird der Bogen geheftet, der oben liegende Querfalz bleibt unbeschnitten.

Lack
Hochglänzende Schutz- oder Dekoschicht auf einem Bedruckstoff.

Laminat
Papierstoff aus zwei oder mehr Stofflagen; wird meist als Covermaterial verwendet, wobei die untere Stofflage meist billiger ist als die obere, bedruckbare Lage. Siehe auch Duplexpapier.

Leporellofalz
Auch Zickzack- oder Akkordeonfalz. Zwei oder mehr Parallelfalze, die in entgegengesetzter Richtung laufen und sich wie eine Ziehharmonika öffnen lassen.

Lithografie
Druckverfahren, bei dem die Farbe von der Druckplatte über einen Gummituchzylinder auf das Papier übertragen wird.

Metallfarbe
Sonderfarbe mit Gold-, Silber-, Bronze- oder Kupfereffekt.

Papierstoff
Das zu bedruckende Papier.

Perforation
Kleine Schnitte oder Löcher im Bedruckstoff, die das Abreißen erleichtern.

Prozessfarben
Siehe CMYK.

Raster
Siehe Bitmap.

Reliefprägung
Muster, das mit bzw. ohne Druckfarbe oder Folie in den Bedruckstoff geprägt wird und erhöht erscheint.

RGB
Rot, Grün und Blau, die additiven Primärfarben.

Schutzumschlag
Loser Umschlag, der um einen Festeinband herumgelegt wird.

Siebdruck
Druckverfahren für geringe Auflagen; die Farbe wird durch ein Sieb auf den Bedruckstoff übertragen.

Sonderfarbe
Farbe, die sich nicht aus den Prozessfarben mischen lässt und gesondert hergestellt wird, z.B. Metall- und Leuchtfarben.

Spotfarbe
Siehe Sonderfarbe.

Spotlack
Drucklack, der nur punktuell auf eine bedruckte Fläche aufgebracht wird.

Stanzung
Spezielle Muster oder Formen, die mit Stahlstanzen in einen Bedruckstoff geschnitten werden.

TIFF (Tagged Image File Format)
Dateiformat zum Speichern von Rastergrafiken und Fotos.

Überdrucken
Ein Element, meist in dunklerer Farbe, wird über ein anderes Element, meist in einer helleren Farbe, gedruckt.

Überfüllen
Überlappen farbiger Texte oder Flächen, um Passerungenauigkeiten und Blitzer zu vermeiden.

Umkehrdruck
Auch Inversdruck. Ein Teil einer Farbfläche wird ausgespart, um z.B. eine weiße Schrift zu erzielen.

UV-Lack
Lackschicht auf einer bedruckten Fläche, die unter UV-Licht getrocknet und ausgehärtet wird.

Velinpapier
Weiches, weißes, pergamentartiges Papier für kostbare Bucheinbände.

Z-Bindung
Z-förmiger Einband für das Zusammenfügen zweier Publikationen bzw. von zwei Teilen einer Publikation.

Kunde: Yi-Ban
Design: Four Letter Word
Technik:
Dreidimensionales Logo durch
Stanzung und Leporellofalz

Yi-Ban

Diese Speisekarte für das Chinarestaurant Yi-Ban in den Londoner Docklands wurde von Four Letter Word gestaltet. Das moderne Design zeigt eine stilisierte Landschaft in einem Kreis, der auch auf Firmenschildern und Verpackungen erscheint. Durch die Zickzackfalzung lässt sich die Speisekarte aufziehen, und die unterschiedlichen Stanzungen geben den Blick auf die hinteren Seiten frei.

Die unterschiedlichen elektronischen Dateiformate haben ihre Vor- und Nachteile. Im Druckbereich gelten TIFF-Dateien (Tagged Image File Format) mit einer Auflösung von mindestens 300 dpi (dots per inch) als optimal für die Reproduktion. Eine ausreichend komprimierte JPEG-Datei (Joint Photographic Experts Group) kann vergleichbare Ergebnisse mit einer geringeren Datenmenge erzielen. Vorlagen für Folienprägungen und Spotlackierungen sollten als Vektordateien z.B. im EPS-Format (Encapsulated PostScript) zur Verfügung gestellt werden. Solche Dateien sind auch für Stanz- und Schneidmaschinen aller Art erforderlich. EPS-Dateien werden generell für Zeichnungen und Logos verwendet, weil die Datenmengen gering sind und sich die Abbildungen beliebig vergrößern lassen. TIFF-Dateien verwendet man meist für Abbildungen, die gedruckt werden sollen, JPEG-Dateien für Abbildungen für Bildschirmanwendungen.

 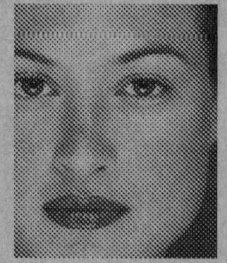 

Bitmap

Unter Bitmap (oder Rastergrafik) versteht man ein grafisches Bild, das aus Bildelementen (Pixeln) besteht und meist zur Reproduktion von Bildern mit detaillierten Tonwerten, z.B. Fotos, dient. Die Abbildung links wurde in ein Schwarzweißbild verwandelt, indem der Schwellenwert auf 50% reduziert wurde. Anschließend wurde das Bild durch Dithering (Mitte) und mit einem Linienraster (rechts) weiter verändert.

  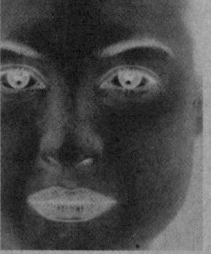

Graustufenbild

Ein Graustufenbild enthält neben Schwarz und Weiß auch Grautöne (links). Dieses Bild im TIFF-Format lässt sich mit geeigneten Programmen sehr leicht verändern, um besondere Effekte zu erzielen. Zuerst wurde hier der Schwarzanteil verringert (Mitte), dann wurden die Farben umgekehrt (rechts).

TIFF (Tagged Image File Format)

Mit dem TIFF-Format lassen sich Rasterbilder und Fotos flexibel speichern. Aufgrund der verlustfreien Kompression eignet sich das Format besonders für Druckwerke, weil die Qualität des ursprünglichen Bilds erhalten bleibt. Die Abbildung oben links wurde zuerst in ein Rasterbild konvertiert (Mitte), anschließend wurde der Kontrast angepasst (rechts).

EPS (Encapsulated PostScript)

Mit dem EPS-Format lassen sich sowohl Vektor- als auch Rastergrafiken speichern. Die Abbildungen lassen sich vergrößern bzw. verkleinern, verzerren und farblich separieren, doch der Dateiinhalt kann meist nicht verändert werden. Bei den beiden Abbildungen oben links handelt es sich um Vektorgrafiken, die auch bei extremer Vergrößerung noch scharf sind. Die Abbildungen oben rechts sind dagegen aus einem Rasterformat (etwa JPEG) entstanden, haben also bei der Vergrößerung an Schärfe eingebüßt.

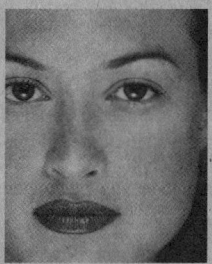  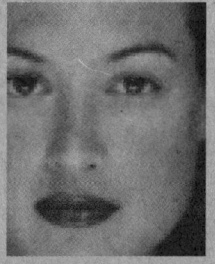

JPEG (Joint Photographic Experts Group)

Mit dem JPEG-Format lassen sich Fotos speichern. Bei der Kompression wird jedoch die Datenmenge verkleinert, sodass ein Informationsverlust entsteht, der sich in Form einer schlechteren Bildqualität bemerkbar macht. Bei nur geringfügig komprimierten JPEG-Dateien ist die Qualitätseinbuße jedoch nicht besonders groß. Die JPEG-Abbildung links ist von der Qualität her mit einer TIFF-Datei vergleichbar, doch eine weitere Kompression beeinträchtigt die Qualität (Mitte) und das Bild zeigt eine ausgeprägte Pixelierung (rechts).

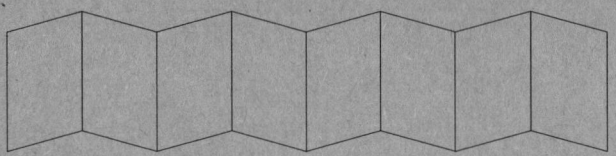 

Leporello-/Zickzackfalz Zwei oder mehr Parallelfalze verlaufen in entgegengesetzter Richtung und lassen sich wie eine Ziehharmonika auffalten.

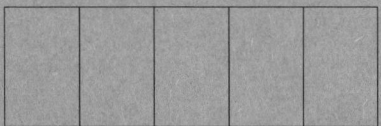 

Wickelfalz Zwei oder mehr Parallelfalze verlaufen in dieselbe Richtung und lassen sich ineinander falten.

 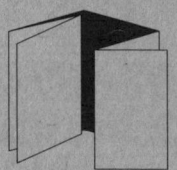

Beidseitiger Zickzackfalz Mit drei Parallelfalzen werden die zweiseitigen Außenflügel zur Mitte hin und von der Mitte weg gefaltet. Das doppelseitige Mittelpaneel dient als Cover.

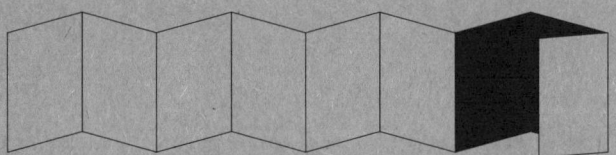 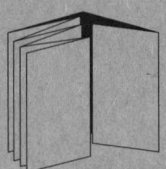

Buchähnlicher Falz Wie ein Zickzackfalz, nur dass die beiden vorletzten Seiten das Cover bilden, in dem die restlichen Seiten liegen, sodass eine Art Buch entsteht.

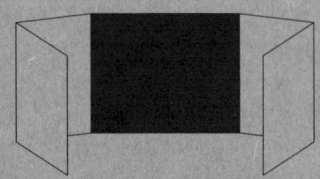 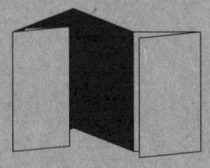

Beidseitiger Fensterfalz Zwei zusätzliche Seiten werden zur Vorder- und /oder Rückseite hin gefaltet. Wird oft bei Taschenbüchern höherer Qualität verwendet.

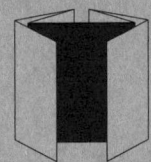

Beidseitig umfassender Falz Die Flügel rechts und links vom Mittelpaneel haben zwei Parallelfalze, sodass sie als Cover nach vorn und hinten gefaltet werden können.

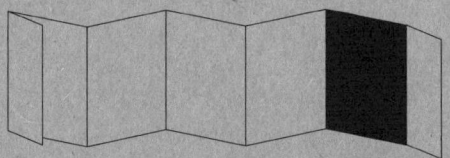
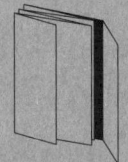

Zickzackfalz mit halbiertem Cover Das vorletzte Paneel bildet den hinteren Deckel, in den die übrigen Seiten hineingefalzt werden. Das halbierte letzte Paneel umschließt das Buch von hinten und bildet zusammen mit dem halbierten ersten Paneel den vorderen Deckel.

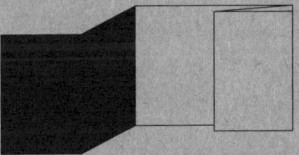

Gegenüberstehende Z-Falze Die gefalzten Flügel werden nach innen geklappt und berühren sich in der Mitte. Wird oft für Broschüren und Marketingunterlagen verwendet.

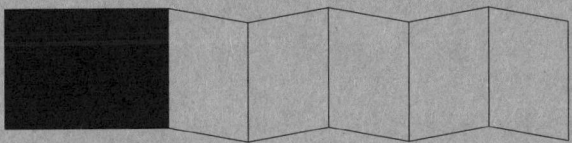

Zickzackfalz mit Selbstumschlag Die ersten beiden, etwas größeren Paneele bilden das Cover, in das die restlichen Seiten gefalzt werden.

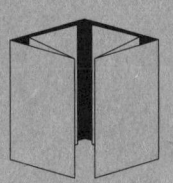

Doppelter Fensterfalz Fensterfalz mit drei seitlichen Paneelen, die zur Mitte der Publikation hin gefalzt werden.

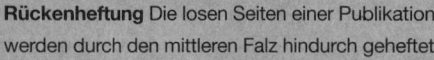

Rückenheftung Die losen Seiten einer Publikation werden durch den mittleren Falz hindurch geheftet.

Seitenheftung Der gesamte Block wird seitlich geheftet, was die Heftung stabiler macht. Auch einzelne Abschnitte lassen sich so binden. Der Bindebereich wird oft auch mit einem Band überzogen.

Wire-O-Bindung Ein vorgefertigtes Metallelement wird durch eingestanzte Löcher geführt.
Kammbindung Hier wird ein Plastikkamm durch die gestanzten Löcher geführt.
Spiralbindung Funktioniert ähnlich, nur dass eine Spirale durch die Löcher gezogen wird und eine etwas dauerhaftere Bindung ergibt.
Bei allen drei Bindeverfahren liegt die Publikation flach auf.

Verdeckte Bindung Eine Kombination aus Wire-O-Bindung und zusätzlichem Cover, die die Vorteile einer Spiralbindung (Seiten liegen flach auf) nutzt, von außen her jedoch so professionell wie eine Klebebindung aussieht. Durch den flachen Rücken eignet sich diese Bindung für alle Dokumente, die in Regalen gelagert werden. Die Abbildung rechts zeigt eine komplett verdeckte Bindung, links ist die Bindung nur zur Hälfte verdeckt.

Z-Bindung Mit einem z-förmigen Cover werden zwei Publikationen bzw. zwei Teile einer Publikation miteinander verbunden. Damit lassen sich unterschiedliche Informationsteile in getrennten Abschnitten einer Publikation unterbringen. Meist werden mit einer Z-Bindung zwei Bände mit Klebebindung in einem Cover untergebracht.

Bauchschleife Ein bedruckter Papierstreifen wird um die Publikation gelegt. Bauchschleifen gibt es in unterschiedlichen Größen, meist werden sie bei Zeitschriften verwendet.

Klebebindung Häufigstes Bindeverfahren bei Taschenbüchern. Der Rücken des zusammengetragenen Buchblocks wird aufgeraut, gefräst, mit Klebstoff versehen und mit dem Covermaterial überklebt. Anschließend werden die Seiten beschnitten. Durch eine zusätzliche Heftung kann die Stabilität der Bindung verbessert werden.

Druck & Veredelung Überblick – Bindeverfahren

Buch mit Festeinband

Die Art der Bindung hängt von unterschiedlichen Faktoren ab, z.B. der Qualität, der Haltbarkeit, dem optischen Eindruck und den Kosten. Ein passender Einband verleiht einem Buch zusätzliche Qualität und macht es zu einem dauerhaften Objekt.

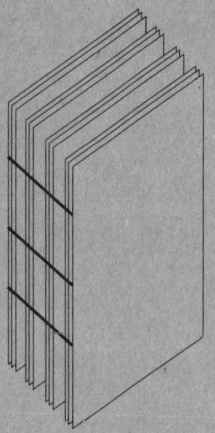   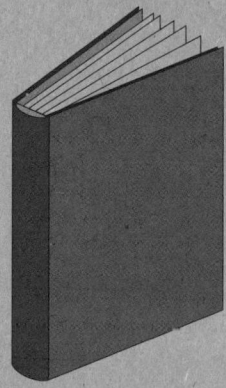

1. Im ersten Schritt werden die Rohbogen zu einem Buchblock zusammengetragen.

2. Danach werden vorn und hinten die Vorsatzblätter angebracht.

3. Ein aufgeklebter Gazestreifen verbindet alle Teile.

4. Oben und unten am Buchrücken werden Kapitalbänder angeklebt. Der Block wird in die Decke eingehängt.

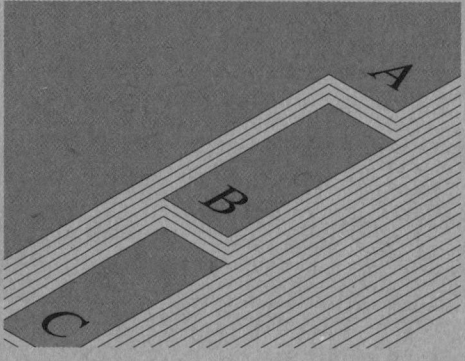

Daumenregister
Die Seiten des Buchblocks werden so beschnitten, dass die verschiedenen Teile bzw. Kapitel eines Buchs in Form eines Daumenregisters unterteilt werden. Dies ist häufig bei Lexika oder anderen Nachschlagewerken zu finden.

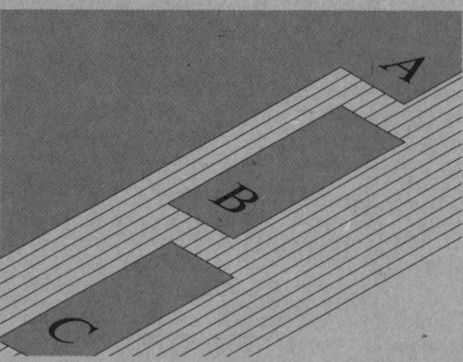

Indexregister
Günstiger herzustellen als ein Daumenregister, weil nur einzelne, etwas hervorstehende Seiten zur Unterteilung verwendet werden.

Halbband und Umschlag

Bei einem so genannten Halbband wird der Buchrücken mit einem anderen, meist höherwertigen Werkstoff bezogen als der Buchdeckel, z.B. mit Leder. Manchmal werden auch die Ecken der beiden Deckel zusätzlich verstärkt. Die meisten Bücher mit Festeinband haben einen zusätzlichen, losen Umschlag, der den Einband schützt.

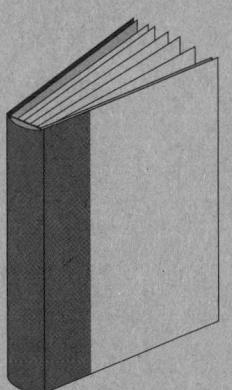  

Schutzumschläge

Ein Standard-Schutzumschlag ist ein loser Bogen, der um den Einband herumgelegt wird und mit zwei mindestens 75 mm breiten Klappen zwischen den Vorsatzblättern bzw. dem Cover und dem Buchblock festgehalten wird. Ein Schutzumschlag mit Kreuzbruchfalz (siehe unten) besteht aus einem großen, doppelt gefalzten Bogen, der das Druckwerk zusätzlich stabilisiert und die Papierseiten schützt.

Schluss

Dieses Buch erklärt die grundlegenden Gestaltungsprinzipien und Verfahren für den Druck und die Weiterverarbeitung von Printprodukten. Nur wenn man die wichtigsten Druck- und Verarbeitungsverfahren versteht, kann man das kreative Potenzial dieser Verfahrensschritte sinnvoll nutzen, in das eigene Design integrieren und so die Wirkung und Funktionalität steigern.

Erst durch den Druck und die Weiterverarbeitung entsteht ein Endprodukt. Sind Layout, Typografie, Bild- und Farbverwendung in sich stimmig, kann ein Produkt durch das Druckverfahren und eine geeignete Veredelung den letzten Schliff erhalten: Nicht nur das Design kann glänzen, es ist wird auch möglich, das Endprodukt aus der breiten Masse hervorstechen zu lassen. Dieses Buch soll ein nützliches Nachschlagewerk sein, wenn es darum geht, alle Aspekte des Drucks und der Weiterverarbeitung in den Designprozess zu integrieren.

Dieses Buch kann allen Designern als Ausgangsbasis für ihre eigene Arbeit dienen. Will man die unterschiedlichen Verfahren kreativ nutzen, muss man bisweilen experimentierfreudig sein und darf sich nicht scheuen, auch Fehler zu machen. Mit den Beispielen und Beschreibungen in diesem Buch wird es möglich, den gesamten Ablauf besser zu verstehen und dieses Wissen kreativ umzusetzen.

Pierre Cardin (rechts)

Diese Pressemappe wurde vom Designstudio George & Vera für die Frühjahrs-/Sommerkollektion 2006 des Modehauses Pierre Cardin gestaltet. Der großzügige weiße Freiraum um die Bilder herum gibt den Seiten eine einfache Struktur; die vertikal ausgerichteten Textbereiche sind ein weiteres, interessantes Element. Die Mappe besteht aus einem Cover mit vierseitigem Fensterfalz, das die elegante Mode zeigt; in den Mittelfalz wurden die Seiten des Hauptteils gebunden, auf denen die Freizeitmode vorgestellt wird.

Kunde: Pierre Cardin
Design: George & Vera
Technik:
Papierblock gebunden in vier-
seitiges Cover mit Fensterfalz

Druck & Veredelung Schluss

Danksagung

Wir möchten uns bei allen bedanken, die uns während des Projekts unterstützt haben: bei allen Art-Direktoren, Designern und Kreativen, die uns großzügigerweise eine Reproduktion ihrer Werke gestatteten. Ein besonderer Dank geht an alle, die die faszinierenden Arbeiten für unser Buch aufgespürt, zusammengetragen und gelegentlich neu entdeckt haben. Wir danken Xavier Young für seine Geduld, seine Energie und sein fachliches Können beim Fotografieren der abgebildeten Arbeiten. Und zum Schluss unser Dank an Caroline Walmsley, Renée Last, Brian Morris und das Team von AVA Publishing – sie alle haben uns während des gesamten Projekts unermüdlich und tatkräftig unterstützt.

Druck & Veredelung Schluss

Separations (rechts)

Das sind Proofs der vier Farbauszüge. Anhand eines Proofs können Drucker und Designer prüfen, ob die Farbreproduktion beim Druck wirklich stimmt. Mit einigen grafischen Elementen kann man die Qualität des Drucks insgesamt beurteilen, z.B. Passkreuze, Schnittmarken und Druckkontrollstreifen. Auf der Basis des freigegebenen Proofs wird später entschieden, ob das Druckergebnis in Ordnung ist.

Project3 28/5/06 5:03 pm Page 1   (Cyan plate)

Project3 28/5/06 5:03 pm Page 1   (Magenta plate)

Project3 28/5/06 5:03 pm Page 1   (Yellow plate)

Project3 28/5/06 5:03 pm Page 1   (Black plate)

Agentur	Kontakt	Seite
Bruce Mau Design	www.brucemaudesign.com	39
Cartlidge Levene	www.cartlidgelevene.co.uk	52/53, 141
Dixonbaxi	www.dixonbaxi.com	104, 156/157
Faydherbe/De Vringer	www.ben-wout.nl	7, 20/21, 78/79, 85, 94, 117, 150/151
Four Letter Word	www.fourletterword.co.uk	71, 158, 163
Frost Design	www.frostdesign.co.uk	58/59, 124/125
Gavin Ambrose	www.gavinambrose.co.uk	15, 36/37, 88/89
George & Vera	www.georgeandvera.com	25, 83, 108/109, 154/155, 172/173
HGV Felton	www.hgvfelton.com	134/135
Howdy	www.howdydesign.co.uk	22
KesselsKramer	www.kesselskramer.com	80
MadeThought	www.madethought.com	14, 16/17, 43, 120/121, 144, 148/149
NB: Studio	www.nbstudio.co.uk	34/35, 42, 60/61, 80, 129, 145
North	www.northdesign.co.uk	86
Parent	www.parentdesign.co.uk	73, 120, 128, 153
Research Studios	www.researchstudios.com	131
Rocca Creative	www.roccacreative.co.uk	110/111
Sagmeister Inc.	www.sagmeister.com	22
SEA Design	www.seadesign.co.uk	24/25, 26, 26/27, 44/45, 62/63, 74/75, 104/105
Studio KA	www.karenandy.com	122/123
Studio Myerscough	www.studiomyerscough.co.uk	19, 22, 78, 87, 98/99, 104, 144, 146/147, 158/159
Studio Output	www.studio-output.com	76/77
Studio Thomson	www.studiothomson.co.uk	10/11
Tank	www.tankmagazine.com	144
The Kitchen	www.thekitchen.co.uk	3
Thomas Manss & Company	www.manss.com	16, 23, 152/153
Thirteen	www.thirteen.co.uk	80, 138/139, 153
Turnbull Grey	www.turnbullgrey.co.uk	12/13, 18/19, 54/55, 56/57, 70/71, 92/93, 94/95, 96/97, 100/101, 132/133
Turnbull Ripley	www.turnbullripley.co.uk	90/91
Untitled	www.untitledstudio.com	28/29, 30/31, 40/41, 46/47, 66/67, 72/73, 98, 137, 143
Vasava	www.vasava.es	107
Webb & Webb	www.webbandwebb.co.uk	64/65, 102/103

Druck & Veredelung Kontakte